中国区域环境保护丛书
北京环境保护丛书

北京奥运环境保护

《北京环境保护丛书》编委会 编著

中国环境出版集团·北京

图书在版编目（CIP）数据

北京奥运环境保护/《北京环境保护丛书》编委会编著. —北京：中国环境出版集团，2020.4
（北京环境保护丛书）
ISBN 978-7-5111-4249-8

Ⅰ. ①北… Ⅱ. ①北… Ⅲ. ①奥运会—环境保护—概况—北京 Ⅳ. ①X321.21

中国版本图书馆 CIP 数据核字（2019）第 294923 号

出 版 人　武德凯
责任编辑　周　煜
责任校对　任　丽
封面设计　彭　杉

出版发行　中国环境出版集团
（100062　北京市东城区广渠门内大街 16 号）
网　　址：http://www.cesp.com.cn
电子邮箱：bjgl@cesp.com.cn
联系电话：010-67112765（编辑管理部）
010-67138929（第六分社）
发行热线：010-67125803，010-67113405（传真）
印　　刷　北京中科印刷有限公司
经　　销　各地新华书店
版　　次　2020 年 4 月第 1 版
印　　次　2020 年 4 月第 1 次印刷
开　　本　787×960　1/16
印　　张　11.75
字　　数　180 千字
定　　价　35.00 元

《北京环境保护丛书》

《北京奥运环境保护》

主　　编　李晓华

顾　　问　余小萱

副 主 编　（按姓氏笔画排序）

于建华　王大卫　王小明　王春林

李昆生　杨瑞红　张　峰　张大伟

陈维敏　明登历　郑春景　凌　越

唐丹平　阎玉梅　韩永岐　潘　涛

特约副主编　梁　静

执行编辑　易青青

序言

《北京环境保护丛书》（以下简称《丛书》）是按照原环境保护部部署、经主管市领导同意由原北京市环境保护局（2018 年 11 月成立北京市生态环境局）组织编纂的。《丛书》分为《北京环境管理》《北京环境规划》《北京环境监测与科研》《北京大气污染防治》《北京环境污染防治》《北京生态环境保护》《北京奥运环境保护》7 个分册。

《丛书》回顾、整理和记录了北京市环境保护事业 40 多年的发展历程，比较全面地展现出北京市环境规划和管理、污染防治、生态环境保护、环境监测和科学技术发展历程、重大举措和所取得的成就，以及环境质量变化、奥运环境保护工作。《丛书》是除首轮环境保护专业志《北京志 · 市政卷 · 环境保护志》以外，北京市环境保护领域最为综合的史料性书籍。《丛书》同时具有一定知识性、学术性价值。期望这套《丛书》能帮助读者更加系统地认识北京市环境保护进程、经验、规律，并为今后工作提供参考。这套《丛书》也为编纂第二轮《北京志 • 环境保护志》打下良好的基础。

借此《丛书》陆续编成付梓之际，希望北京市广大环境保护工作者，学史用史、以史资政、继承创新、改革创新，自觉贯彻践行五大发展理念、努力工作，补齐生态环境突出“短板”，为北京市生态文明建设、率先全面建成小康社会做出应有的贡献。

参编《丛书》的处室、单位撰稿人和编委会成员克服困难，广泛查阅资料，虚心请教退休老同志，反复核实校正。很多同志利用业余时间，挑灯夜战、不辞辛苦。《丛书》各分册编写人员认真负责，较好地完成了文稿撰写、修改、审校和统稿、定稿工作。在此，向付出辛勤劳动的各位参编人员，一并表示感谢。

我们力求完整系统地收集资料、准确记述北京市环境保护领域的重大政策、事件和进展，但是由于历史跨度大，《丛书》中难免有遗漏和不足之处，敬请读者不吝指正。

北京市生态环境局党组书记、局长　陈添

2018 年 12 月

目录

第一章　申办奥运　环境保护

1991 年和 1998 年，北京市两次启动申办夏季奥林匹克运动会工作。1993 年 9 月 23 日，北京市以两票之差失去 2000 年奥运会主办权。1998 年 11 月，中国政府再次批准北京市申办 2008 年第 29 届夏季奥林匹克运动会。1999 年 4 月 7 日，北京市正式向国际奥委会递交北京举办 2008 年奥运会的申请书。此后，北京提出“绿色奥运、科技奥运、人文奥运”的申办主题和“新北京、新奥运”的申办口号。北京市针对“环境保护”这一申办“短板”做了大量扎实有效的工作，制定《绿色奥运行动计划》，精心编写《申办报告》中的环境部分，接待奥委会评估团，做好评估陈述工作，在申办阶段通过各种形式诠释“绿色奥运”理念和承诺。

2001 年 7 月 13 日，在国际奥委会第 112 次全会上，北京市赢得了 2008 年奥运会的主办权。

第一节　组织机构

一、奥运会申办委员会成立

1998 年的 11 月，国务院总理办公会和中央政治局常委会先后对申办工作进行研究，决定由北京申办 2008 年奥运会。11 月 25 日，北京市人民政府正式向中国奥委会提交北京举办 2008 年奥运会的申请书。

1999年1月6日，中国奥林匹克委员会举行全体会议，审议并通过北京市人民政府关于举办2008年第29届奥运会的申请，之后中国奥委会将北京要申办2008年奥运会的消息正式向国际奥林匹克委员会进行报告。按国际奥委会要求，4月7日，北京市市长刘淇和中国奥委会主席伍绍祖一同赴瑞士洛桑国际奥林匹克委员会总部，正式提交北京举办2008年奥运会的申请书。

1999年9月6日，北京2008年奥运会申办委员会（以下简称“奥申委”）成立，于新侨饭店办公。在此之前，1999年8月时，北京市为奥运会的前期准备，如规划、选址工作就已经开始了。1999年11月，奥申委机构的初步框架确定，设“五部两室”，即宣传部、国际联络部、财务部、体育部、工程规划部、研究室、办公室。工程规划部负责研究奥运会场馆的布局和规划。环境保护工作由该部负责协调。

2000年6月，奥申委开始着手撰写申办报告，将研究室改成了总编室，负责申办报告编写工作的协调和总编。

二、奥申委“环境生态部”成立

2000年8月24日，副市长汪光焘代表奥申委、市环保局局长赵以忻代表市环保局，与20个民间环保组织共同签署了《绿色奥运行动计划》。《绿色奥运行动计划》签订后，市环保局在研究落实行动计划各项工作时，认为申奥中的环保工作交错繁杂，需要由市政府多部门共同协作完成。建议奥申委成立专门的环保机构，组织协调相关事务。2000年8月28日，市环保局致函奥申委，建议奥申委参照悉尼奥组委，成立环境部，由环保局派一名副局长和若干专业骨干人员担纲工作。

2000年10月初，北京市市长、奥申委主席刘淇说：“组委会要成立环境部，最主要的工作就是两条，第一，要把申办报告写好，在几个申办城市当中必须是第一，而不是一流；第二，国际奥委会评估团2001年2月来京考察，要把环境方面的陈述及考察当中所涉及的环保考察点准备好。”

10 月 20 日，奥申委正式宣布成立一个新的部门——环境生态部，下设两个处：环境处和专家咨询处。市环保局副局长余小萱任副部长。环境处主要负责编写申办报告、2001 年 2 月考察团来时的陈述报告、参观内容以及最后到莫斯科做环境陈述的准备工作。专家咨询处主要负责组织专家编写申办报告中的技术支撑材料。

环境生态部成立后，聘请江小珂、廖晓义、梁从诫和廖秀东为顾问，由其协助在申奥过程中开展宣传、教育，协调民间环保组织意见和对编写申办报告提供咨询。

三、申奥工作的三个阶段

第一阶段：1999 年 9 月 6 日—2000 年 6 月。主要工作有三项：

（1）建立机构，理顺工作关系；

（2）对奥运会的场馆设施及主要服务设施进行规划研究；

（3）编写申办报告。

第二阶段：2000 年 8 月—2001 年 3 月。2000 年 8 月 28 日，国际奥委会依据申请报告的评审结果，淘汰吉隆坡、曼谷、哈瓦那和开罗，确定北京、大阪、伊斯坦布尔、多伦多和巴黎为 2008 年奥运会的申办城市，申奥工作进入了攻坚阶段。此阶段的主要任务是撰写申办报告和接待国际奥委会考察团。

第三阶段：2001 年 3—7 月，是申奥的冲刺阶段。这阶段的工作重点是组织赴莫斯科的陈述工作和对国际奥委会委员“滴灌”。环境生态部主要负责联络社会各界，宣传环保理念，创造良好的绿色奥运舆论氛围。

第二节　绿色奥运行动计划

一、制定《绿色奥运行动计划》

2000年8月4日，奥申委常务副主席、北京市副市长刘敬民召开会议，他指出环境保护是21世纪的主题，申奥工作必须以环境保护为本。《绿色奥运2003—2007环境规划》中提到改善环境要大量投资，改善环境是全民的指导思想。要在网上推出绿色奥运的浪潮，广泛宣传。切实办成30～50项工程，工业、农业、学生各界均介入。要将宣传绿色奥运作为固定内容，加大宣传。多数城市都认为我们的环境不行，环境是成败的关键之一。要实实在在地向全市人民承诺：行动第一，参与第一。绿色奥运是个务实的计划、干事的计划。

会议首次提出了制订绿色奥运行动计划的构想。北京环保基金会理事长江小珂、北京地球村环境文化中心主任廖晓义等民间环保组织的代表进行了发言讨论。

江小珂发言说："绿色奥运不光是宣传，鼓动大家的热情和愿望，主要是行动。宣传不是目的，更需要参与、监督，以实际行动参与21世纪绿色行动。保护环境向良性循环发展，与绿色生活结合。参与决策讨论、参与监督、参与行动从我做起，公共参与的面要宽。针对实施监督不够，告诉公众，我们可以做什么、怎么做，如建议公共监督工地的扬尘污染。只要我们有积极性，就能办下来。"

廖晓义表示非常赞成行动第一，参与第一，"做到"是成功与否的关键，申奥的关键是环境问题。希望通过奥运提高公众参与意识，形成公众参与的基本机制，改善环境质量。具体事项有：

（1）政府的承诺和民间配合起来，如地球村垃圾分类何时建立，很多公众分类意识是非常好的。北京过去废品回收是世界上做得最好的，上游居民投放，中游政府收集清运，下游企业处理回收。

（2）污水处理什么时候达到 100%，很多民营企业希望参与这方面的工作。

（3）保证空气质量，发展公交战略很好，严格控制私车。

（4）推广再生纸的利用，奥运会、政府机关、申办都用再生纸，可减少树木砍伐。

（5）解决一次性筷子问题，政府民间一起行动，搞好消毒、立法规，韩国能做到，我们也行。解决卫生问题，用竹筷子比用木筷子好。

（6）建设绿色社区，让环境保护走进生活，社区是载体，具体行动有 5 项：①设立垃圾分类、节能灯、绿地；②政府和 NGO 结合，组织绿色志愿者宣传，垃圾分类；③评选绿色家庭；④召开社区环境管理听证会，听取政策建议；⑤倡导绿色生活。

最后会议议定：将会议讨论的意见纳入文稿中，总结为绿色奥运行动计划，形成有行动见实效的指南。要把社会各界吸纳进来，不分政党、种族、宗教，形成全社会共同申办奥运的局面。会后，奥申委、市环保局和有关民间环保组织共同起草了《绿色奥运行动计划》。

8 月 24 日，奥申委副主席、北京市副市长汪光焘代表奥申委、市环保局局长赵以忻代表市环保局，和 20 个民间环保组织共同签署了《绿色奥运行动计划》（图 1-1）。此计划共 30 项内容，包括改善北京大气环境、水环境、噪声环境、防止固体废物污染、绿化、植树造林、推广天然气、控制机动车尾气排放等方面的工程和措施，以及奥申委和市环保局拟与其他政府部门、民间环保组织共同开展的绿色奥运宣传教育活动，包括创建绿色学校，建立绿色社区，开展绿色旅游、绿色商业，保护野生动物、开展垃圾分类等内容。随后该计划对社会公布。

图 1-1　签署绿色奥运行动计划

二、《绿色奥运行动计划》主要内容

（一）绿色奥运行动计划的目标和任务

1. 环境质量目标

北京市人民政府组织落实 1998—2002 年《北京市环境污染防治目标和对策》，市环境保护局拟订了《北京市 2003—2007 年环境保护规划纲要（草案）》，全市人民以饱满的热情关注和参与环境保护工作，环境质量得到不断改善。

随着规划措施的贯彻实施和全市人民的共同努力，到 2008 年，城市环境质量将进一步改善，污染物排放总量持续削减，城市基础设施基本完善，市区环境质量按功能区划达到国家标准，全市生态环境状况明显好转，社会、经济、环境健康协调发展。

市区作为拟举办奥运赛事的重点地区，到 2008 年，市区大气环境中各项环境监测指标达到国家空气质量标准，多数指标达到发达国家城市的水平；市区河湖分别按水质功能达到国家地表水环境质量标准；环境噪声等其他项设定了国家环境质量标准的环境要素，也要达到国家环境质量标准。

其中，2008 年 7—8 月，全市环境质量将全面符合举办奥运盛会的要求。

2. 主要环境保护任务

市区除部分电站锅炉、部分大型集中供热锅炉燃煤外，其他燃烧设施一律使用清洁能源；城市自来水供应充足、达标；市区城市污水集中处理率和城市生活垃圾无害化处理率均达到 90%以上；不断扩大绿化面积、水土流失治理面积和自然保护区面积；削减工业污染物排放总量，调整、搬迁市区工业企业；通过改善能源结构、节约能源、提高能源利用效率、绿化、改变农业种植结构等措施，削减温室气体排放。

2000—2007 年，污染防治和生态建设投资占同期 GDP 的 4%～5%。

（二）绿色奥运行动计划

（1）建设第二条陕京天然气长输管线、天然气市内管网扩建、调峰地下储气库等工程，引进国外天然气或液化天然气，2007 年燃用天然气 40 亿～50 亿 m^3。

（2）继续对全市燃煤锅炉进行改造，全面淘汰市区中小型燃煤锅炉。全市燃料结构中燃煤比重由目前的 55%降低至 35%～40%，清洁能源比重大大提高。

（3）完成高碑店热电厂供热管网等集中供热工程，市区集中供热面积超过民用建筑总量的 50%。全市电采暖、地热采暖面积达到 1 600 万 m^2。

（4）到 2007 年，90%的公交车、70%的出租车将成为清洁能源车，按照规划建成 292 座车用液化石油气和天然气加气站。

（5）完成地铁 5 号线、八通线，以及由东直门经望京、北苑、清河至西直门的城市快速客运轨道交通。完成四环路、公路一环等一批重点道路工程建设，完善交通设施，途经北京的过境车辆不再穿行市区。

（6）继续发展公交优先运营体系，拓展新的公交线路，在有条件的道路增加公交专用道，建设一批公交换乘枢纽。

（7）2004 年开始执行相当于欧洲 2 号标准的轻型车排气污染物排放标准，逐步与国际水平接轨，减少机动车排气污染物排放。实施严格的检查/维修制度，对应报废车辆逐步实行简易工况法尾气检测，严格车辆报废制度。对高排放车、柴油车加强管理，制定限行措施。

（8）加强密云水库上游地区的水土保持和水源保护林建设工作，加强库区富营养化污染物和农药的排放控制，继续保持水库水质清洁。采取综合措施恢复地下水水位，涵养地下水水源。

（9）实施官厅水库清淤及水质改善工程，使水质逐步恢复到饮用水水源的水质要求。完成京密引水渠技术改造工程，减少渗漏损失，提高渠道输水保证率，增强地表水、地下水联合调度功能。

（10）调整农业产业结构，大幅度减少稻田种植面积，节约农业用水，推广“留茬免耕”。

（11）继续整治城市河湖水系，完善城市污水管网和污水处理系统。2007 年市区城市污水总处理能力达到约 280 万 m^3/d，郊区主要城镇建成城市污水处理系统。

（12）建成年处理能力约 1 万 t 的危险废物集中处理设施，包括建设两处市区医疗废物集中处理处置场所和放射性废物库。进一步加强工业固体废物的综合利用工作。

（13）进一步推行城市生活垃圾减量化、资源化、无害化政策，完善垃圾源头削减、分类收集、综合利用系统，继续建设和完善城市生活垃圾处理设施。2007 年市区城市生活垃圾基本实现无害化处理，郊区主要城镇建成城市生活垃圾无害化处理系统。

（14）在工业达标排放的基础上，对工业企业全面实行污染物排放申报登记和许可证制度，使全市的工业污染物的排放总量逐步削减。继续关停一批排污量大、耗能高、浪费资源的企业。

（15）进一步调整产业结构，搬迁四环路内 200 家以上工业企业。东南郊部分工业企业停产或搬迁。石景山地区首钢将逐步压缩钢铁冶炼规模，淘汰落后工艺，加大治理力度，调整产品结构，搬迁污染企业；高井电厂改造为燃气机组或停产；燕山水泥厂停产搬迁，使石景山地区环境质量与市区同步改善。

（16）进一步加强城市绿化，采取拆违建绿、拆墙透绿、立体绿化、透气砖铺装等措施，基本消除裸露地面，使规划市区绿化覆盖率达到40%以上。建成绿色四环路，除穿越市区建成区的路段之外，四环路两侧各 100 m 建成防护林带。完成山区、平原、绿化隔离带三道绿色生态屏障、“五河十路”防护林的建设任务，改善区域生态环境。

（17）继续加强天然林保护，扩大风沙危害区人工造林面积，新增林地 13 万 hm^2，裸露沙地和水土流失面积基本全部得到综合治理，全市林木覆盖率接近 50%。

（18）进一步丰富本市的生物多样性，贯彻落实有关法律、法规，加强自然保护区以及湿地、森林、鸟类栖息地等重点保护区域的管理与建设，加强珍稀野生动植物的保护和繁育工作。自然保护区面积不低于全市国土面积的 8%。

（19）制订并实施淘汰臭氧层消耗物质行动计划，并纳入“首都二四八重大创新工程”计划，2005 年之前提前实现淘汰目标。

（20）奥运场馆设计采用适用环保技术，节约资源，利用无污染的或可再生材料制造有关器材和设施。场馆和奥运村建设中努力保留原生植被和生态原貌，利用自然景物和植被组织奥运村景观，提高当地绿化面积。奥运交通尽量采用公共交通和清洁交通。

（21）绿色社区——倡导居民采取绿色生活方式，提高环境文明素养，将垃圾分类、废旧物品回收、绿化、节水、节能、节约资源等环保措施落实到社区居民的日常生活之中。特别重视妇女在绿色社区建设活动中的作用，鼓励创建文明家庭。

（22）绿色校园——绿化美化校园，普及中小学环境教育，鼓励中小学生走出校园参加环境保护公益活动，组织大学生参加社区环境宣传教育。校园开展节约资源、使用再生纸作业本、垃圾分类、救树减卡等活动。

（23）绿色商业——不用或少用一次性筷子、餐盒等物品，不购买、不销售过度豪华包装的商品，不制作、不出售、不食用野生动物食品。

（24）绿色旅游——鼓励宾馆、酒店参加 ISO 环境管理体系认证，推广各种节约资源措施。鼓励游客参与环境保护行动。每年开展一次旅游环保月活动，组织生态旅游，制定景点环境保护措施。

（25）绿色单位——开展“绿色庭院”活动，坚持“门前三包”，开展自我环保审计，注意节约资源；政府机关办公用纸推广使用再生纸。

（26）绿色企业——鼓励企业积极参加 ISO 环境管理体系认证，继续开展清洁生产活动，大力提高企业环境管理水平，削减污染物排放。

（27）绿色使者——聘请社会著名人士和各界代表担任“绿色奥运公益大使”，监督绿色奥运行动计划的实施，宣传绿色奥运行动。

（28）继续开展“爱鸟周”和“保护野生动物宣传月”活动，提倡不捕、不养野生鸟兽，鼓励举报鸟市、鱼市、饭店和其他野生动物利用单位的非法经营行为。组织爱护野生动物夏令营、观鸟、悬挂人工鸟巢等公益活动和其他保护野生动物宣传教育活动。

（29）继续开展在公共场合禁止吸烟的活动，创建无烟中小学、无烟大街、无烟社区、无烟家庭，公共场所和媒体拒绝烟草广告。

（30）广播、电视、报纸等媒体继续开办环境保护栏目，北京奥运网站开办绿色奥运栏目，链接环境保护网站。环境保护社会团体与民间组织利用各自专业特长，开展多种形式的绿色奥运宣传活动。

第三节　编写申办报告

一、启动编写工作

2000年7月，奥申委成立申办报告编写小组，由奥申委秘书长任组长，各部门负责人为成员。同时，成立总编室专门负责协调各部的申办报告编写工作。并对进度提出要求：8月5日出第一稿，于11月初定稿。

8月28日，国际奥委会决定北京、大阪、巴黎、多伦多、伊斯坦布尔作为候选城市，于9月1日正式向外界公布。

9月1日，中共中央政治局委员、北京市委书记、北京奥运会申办工作领导小组组长贾庆林在北京申奥动员大会上要求，以非凡的努力争取申奥成功，举全市之力，办申奥大事。6日，奥申委举办第二阶段动员大会，标志正式开始编写申办报告。

9月15日，国际奥委会印发《申办报告编写手册》，申办报告共18个主题，对候选城市提出编制《申办报告》的具体要求。

同时，受奥申委委托，2000年北京市环境保护科学研究院牵头完成了《北京2008年奥运会环境影响初步评价》，中国科学院生态所、中国环境科学研究院生态所、北京矿冶研究总院等9家单位作为协作单位共同参与该评价工作。《北京2008年奥运会环境影响初步评价》作为《申办报告》的基础性资料对奥运会活动所引起的环境影响做出了评估。主要分为三部分内容：北京市举办2008年奥运会的环境适宜性分析、奥运场馆建设及奥运会举办过程对北京市城市总体环境的影响、保证绿色奥运成功举办所必需的环境管理体系框架。评价给出了合理的结论和建议，并提出了奥运建设项目绿色环保等对策。评估工作为申奥工作提供了技术支撑，为今后的工作奠定了良好的基础。

二、环保主题编写工作

申办报告先后起草修改共 10 稿，前 4 稿以雅典奥运会提纲为基础编写，2000 年 9 月，按国际奥委会印发的正式提纲各个主题编写出第 5 稿。其中，主题四为“环境保护与气象”，由工程部负责。主题四共 7 个部分，涉及环保的内容分别是：北京大气环境质量、水环境质量、饮用水、奥运村场地环境、监测方法、监测标准和评估方法。

2000 年 10 月 13 日，国际奥委会执委、中国奥委会名誉主席、奥申委顾问何振梁主持内部专家讨论会，针对申办报告各个篇章进行讨论，江小珂、廖晓义、孙大光、魏纪中等多位专家参与了主题四“环境保护与气象”的讨论，并发表修改意见。市长刘淇夜里专程赶到会场，专题发表他对环保内容的重要修改意见。10 月 26 日，奥申委常务副主席、副市长刘敬民召集北京大学教授唐孝炎院士等有关专家再次讨论申办报告的环境部分。

经过多次讨论，编写组成员确定了撰写思路：举办奥运会将极大地促进中国环境保护的发展，将有利于促进举办城市的环境改善。在申办报告中要承认中国环境治理的现状和差距，要表达以举办奥运会为契机，实现改善环境、提高可持续发展能力的决心和信心。更要制定改善措施，要治本而不仅仅是为了举办奥运会治标而已。

10 月 30 日，申办报告中文稿第 6 稿正式完成，字数为 5 180，同日，英文稿第一版一并完成。

11 月 9 日环境生态部与澳大利亚的环境专家彼德・澳特森（Peter Otterson）及原澳大利亚驻华使馆人员彼德・菲利普（Peter Phillip）共同讨论申办报告的修改意见。澳特森先生给出重要修改意见：“必须把提出的各项环保措施进行数字量化”。如能源方面，清洁能源计划用量瓦数，或所占比例；节水方面，计划建设节水措施的数量等。整个报告以增加许多数据为标志，形成第 7 稿。

而后经奥申委、环境专家反复审查和修改，11 月 18 日形成第 8 稿，于 12 月 5 日送至北京外国语大学翻译成英文和法文。由何振梁负责法文、英文统稿，魏纪中负责法文稿审定，袁文武负责英文稿审定。

11 月 27 日修改形成第 9 稿，字数为 4 420。

12 月 8 日，刘敬民、孙大光再次开会研究申办报告，澳特森先生认为报告虽按国际奥委会的提纲编写，但不要被其局限、框定，鼓励中国写出自己特色，增添政府大手笔改善环境的重大举措和保证资金的内容。奥申委按其意见进行修改，特别增加前言，介绍中国自古以来就有“天人合一”的环保理念，及北京将投资 122 万美元用于改善环境的 20 项重大措施。

12 月 18 日，最后一稿修改完成，字数为 2 220，并以此稿核对英文和法文版。“环境保护与气象”主题主要内容涉及环境与资源管理系统、奥运会环境管理体系、重点行动计划、自然生态景观、文化遗产保护、场馆和设施的环境影响评价、环保技术、环境宣传教育 8 个方面。

三、递交申办报告

2001 年 1 月 17 日，北京奥申委向国际奥委会递交《北京 2008 年奥运会申办报告》（以下简称《申办报告》）。《申办报告》涉及政治、经济、文化、体育和城市建设等方面，是一部反映北京和中国发展前景的“百科全书”。《申办报告》分三大卷，共 18 个部分，使用法文、英文两种文字撰写，总计 596 页。

前17个部分包括：第一卷，一、国家、地区及候选城市特点，二、法律，三、海关和入境手续，四、环境保护与气象，五、财政，六、市场开发；第二卷，七、比赛项目总体构想，八、比赛项目，九、残疾人奥运会，十、奥运村；第三卷，十一、医疗和卫生服务，十二、安全保卫，十三、住宿，十四、交通，十五、技术，十六、新闻宣传与媒体服务，十七、奥林匹克主义与文化。第十八个部分是保证书，其中有国家主席江泽民和国务院总理朱镕基的支持信，北京市市长刘淇、国家体育总局局长袁伟民的信，外交部、财政部、海关总署等国家有关部门负责人以及70个宾馆、饭店的保证书，还包括28个国际单项体育组织的认证书等，共169份。

按照国际奥委会的要求，《申办报告》对北京某些领域到2008年的规划和目标，做出了具体阐述。

第四节　做好环保专题评估陈述

一、“迎评”方案

编写申办报告、接待国际奥委会的考察团被称作申奥工作攻坚阶段的两大要事。2000年12月11日，奥申委常务副主席刘敬民、秘书长王伟召开主席办公会，研究讨论接待方案。会议议定：①成立机构，设立陈述组、接待组、综合组等；②确定评估团成员行程安排，上午听汇报，下午考察参观。

12月21日，环境保护部给外联部写工作建议，提出根据小、中、大方案分别设4个、6个、8个考察点，涵盖环保、交通、市政措施、通信、场馆设施等多个方面。展示环境示范工程，计划建立5个太阳能的电话亭和5个太阳能广场灯。

12月27日上午，奥申委召开申办领导小组扩大会，讨论接待考察团和陈述。

刘淇在会上指出国际奥委会来京考察是个难得且唯一的机会，要抓住机遇，做好各项工作。①方案要调整，同意组织机构，但下设的各组规划要调整。②向对方展示人民对奥运会的热情，展示北京具备举办奥运会的能力，展示对城市的规划、交通、环境的措施，是实实在在的。③要体现北京的高素质，友好、扎实、周密，像对待朋友一样。并提出四大重点：一是环境方面，讲整治方案，有天然气工程、燃气锅炉、煤场变成体育馆、各种规模水泥厂的停产，体现这几年的变化。考察团在京期间重点看环境，以大气治理为主。二是交通方面，主要展示轨道交通和交通指挥中心。三是北京及市民对申奥的态度，全民学英语，以及报纸、广播、电视上关于申奥的宣传。四是北京作为正在发展的城市，文物保护、高科技并存。

贾庆林最后总结，讲了几点原则：第一，要充分重视考察团的工作，对申办成功至关重要，要有应对措施，对“两节”“两会”一季度工作的重点，迎评工作作为工作中的重中之重，一季度通过这项工作来促进其他方面的工作。第二，奥申委领导小组掌握迎评工作的职责、进度、标准，提高工作质量，完成工作。申办报告很好，就是后期太紧张了，要吸取教训。要求抓好关键环节，和北京市、中央各部门协调好，按计划安排好工作，做好督促妥善处理好突发事件，工作要周到有序，照顾到左邻右舍。第三，人才是北京的优势，中央机关、事业单位、大专院校代表北京最高水平，陈述人要尽快进入角色，要多做几套应对方案。第四，同心协力，北京各区县、各部门树立一盘棋思想，建立责任制，不能影响迎评的效果。第五，加强组织领导，奥申委是总指挥部。

二、“迎评”考察

2001 年 1 月 2 日，奥申委要求各部门确保陈述提纲各项均可落实到具体工作上。

涉及环保的参观点共 8 个，分别是：①第九水源厂；②高碑店污水处理厂；③方庄供热厂；④天然气集输中心；⑤天然气加气站；⑥国家气象局；⑦市环保监测中心；⑧宣武门椿树园绿色社区。另外，参观 2 个太阳能广场灯和生态厕所申奥示范工程。

北京市环保局 1 月 3 日召开局长办公会，会议议定三点：①同意聘廖秀冬为环保局顾问；②同意梁熙彦、王恺同志为陈述组的专家；③市环保监测中心的陈述人为梁熙彦、陈添。

三、备战陈述

（一）陈述策略

陈述报告共 17 个主题，每个主题的汇报时间是 10～12 min，演练工作由国家体育总局外事司司长涂明德指导。他说方案已通过，17 个主题按部门划分负责，要求陈述人对材料熟悉，必须是专家。

何振梁提议：陈述是北京争取游离票的过程，减少丢票，说话一定要可信，措施要得当，表现出我们 2008 年完全符合举办奥运会的条件。朋友式的对话，应满腔热情。

刘敬民对外方可能提出的问题作出指示：①要分析污染源，和未来 8 年的各项措施、效果，因果要对应起来；②把 1998 年以来的措施效果和已经取得的成效要表述清楚，证明 2008 年我们的目标是可以达到的；③围绕 2008 年的计划分述水、气、渣、生态工程措施；④现在的工作和将来的规划要衔接；⑤要响亮地提出“绿色奥运”的计划。

奥申委顾问万嗣铨提出两点建议：①“排污收费”这类中式字眼不要与评估团说，对方可能听不懂；②如果考察当日天气不好，一定要准备相关说辞。

其他参会人员均做了积极发言，最后刘敬民总结：陈述以环境为主，兼顾气象。总体结构可以，要添加奥运和环保之间的关系，写法要简单易懂，专业术语不要太多，增加公众支持“绿色奥运”内容。

（二）确定陈述人

何振梁于 12 月 27 日在奥申委召开的申办领导小组扩大会上谈到对陈述人选的三个标准：一要业务精通，熟悉报告；二要外语好；三要有一定的社会影响力。

经过层层筛选后，“环境保护与气象”的陈述人最后决定由廖秀冬来担任。廖秀冬毕业于香港大学，先后取得学士学位（化学及植物学）、硕士学位（无机化学）、博士学位（环境/职业健康）。1975 年，在英国伯明翰大学取得硕士学位（分析化学）。曾任西图集团中国区总经理，负责管理环境及基建工程。同时也是一位民间著名环保人士，很有影响力。在北京奥申委成立之初，他就给刘敬民写信，表示要参加北京申奥的工作。

在何振梁组织的排练中，廖秀冬表现优秀，经充分的准备，脱稿演讲，配以娴熟的演说技巧，征服了在座评委和其他候选者。廖秀冬在被确定为陈述人后，每周往返于香港和北京之间，春节都没有休息。抓紧时间，向市环保局及其他委办局负责人、专家学者全面了解、掌握北京生态环境情况。

（三）正式陈述

2 月 22 日，环境作为第二陈述，首先播放时长 3 min 的环保短片，廖秀冬做了时长为 20 min 的陈述（规定时间为 16 min）。国际奥委会委员塞蒙巴得斯通认为陈述得很细、很好，但关于环保 122 亿美元的来源和筹集方案应有详细的书面材料。同时，评估团就如何保证奥运会后北京空气质量不反弹，改善交通的经费是否在预算内，城市规划中 2008 年污水处理率达到 95%，如何实现，国际奥委会给北京市的拨款中，环境方面的预算是多少，空气污染是否考虑人口增长可能带来的问题，能否确保大量工厂全部搬迁，企业搬迁后，工人如何安置，奥运建筑内部是否使用天然气等问题进行提问，陈述组均一一给出解答。

最后，评估团主席、国际奥委会委员维尔布鲁根给出结束语：我对环保陈述的印象非常深刻，相信北京奥运会可以留下最大的环保“遗产”，意义重大。

第五节 绿色奥运理念和承诺

一、“绿色奥运”理念

北京申办2008年奥运会的口号是“新北京，新奥运”。“绿色奥运、科技奥运、人文奥运”是北京奥运会的理念，简称“三大理念”。《申办报告》中明确指出：20世纪90年代以来，国际奥委会把环境确定为与体育和文化并列的第三大支柱，“保护环境”成为国际奥委会评估申办城市是否符合举办条件的关键因素之一。1999年10月，国际奥委会在巴西通过的《奥林匹克21世纪议程》的核心就是利用奥林匹克的广泛性，促进举办奥运城市的可持续发展。“保护环境”符合奥林匹克运动的发展趋势，也是北京市保护古都风貌和建设现代化大都市的既定方针。因而北京将其作为申办的第一主题，提出“绿色奥运”理念。

“绿色奥运”体现了中国传统哲学思想的精髓，即环境与人类生存之间的和谐统一。“绿色奥运”主题将贯穿在筹备和举办奥运会的全过程。

实践“绿色奥运”，就是要做到：把环境保护作为奥运设施和建设的首要条件，制定严格的生态环境标准和系统的保障制度；广泛采用环保技术和手段，大规模、全方位地推进环境治理、城乡绿化美化和环保产业发展；增强社会的环保意识，鼓励公众自觉选择绿色消费，积极参与各项改善生态环境的活动，大幅度提高首都环境质量，建设宜居城市。

二、申办环保承诺

按照国际奥委会的要求，《申办报告》对有关空气质量、饮用水质量、固体废物垃圾处理、污水处理、能源计划、自然生态及社会公众环境意识等方面提出了明确的承诺目标：

北京市人民政府认为空气质量是一个重要的健康和环境问题，每天对二氧化硫、一氧化碳、二氧化氮及悬浮颗粒物进行监测。2008 年奥运会期间，北京将会有良好的空气质量，达到国家标准和世界卫生组织指导值。同时，北京市政府将继续致力于提高全年的空气质量。

1999 年北京市已执行严格的机动车尾气排放标准。2007 年将实行更严的标准，新车尾气排放将减少 60%。2008 年 90%的公共汽车和 70%的出租车使用气体燃料。

奥运会设施建设将采用符合环境保护和生态保护要求的材料和设备。所有施工工地将采取措施减少扬尘，避免施工噪声扰民。

到 2008 年城市垃圾将全部进行安全处理，垃圾资源化率将达到 30%，分类收集率将达到 50%。奥运会垃圾全部分类收集、集中处理，回用率达 50%。奥运会临时建筑和家具以及广告牌使用再生或可回收材料制作。

北京市 1999 年日处理污水 108 万 t，2008 年将达到 280 万 t，城市污水处理率达到 90%以上，污水回用率达到 50%。

北京的饮用水水质符合世界卫生组织的指导值，饮用水水源将继续得到有效保护。在奥运村和奥运会场馆使用节水设备，建立雨水收集及回用系统，采用节水式免冲洗生态厕所，奥运会场地的绿化选用耐旱植物品种。

2007 年，北京市天然气用量将增加 5 倍。市区生活全部采用清洁能源。在奥运村和比赛场地最大限度地使用风力发电，利用地热、太阳能提供热水，充分利用自然采光，以减少能源消耗。

实施国家西部开发生态建设的战略，到 2005 年完成三道绿色生态屏障；山区林木覆盖率达到 70%；五河十路两侧形成约 23 000 hm^2 的绿化带；市区建成 12 000 hm^2 的绿化隔离带；奥运会工程用地的绿化面积将达到 40%～50%；奥林匹克公园中将建设 760 hm^2 的绿地。

北京奥申委充分认识到体育是推动地区乃至全球可持续发展的强劲动力，将不遗余力地宣传普及奥林匹克运动的三大支柱之一——环境保护。

第二章 奥运工程 绿色指导与管理

“绿色奥运”是2008年北京奥运会的三大理念之一，是北京要向世界展示一届环境友好的运动会的承诺。为此，北京奥组委于2002年开始按照ISO 14001环境管理体系标准建立环境管理体系，对奥运会筹办及举办过程进行环境管理。特别是在奥运场馆建设规划、施工等方面，严格进行环保审批和验收。北京奥组委针对奥运工程的特点，制定了一系列的环保指南，进行绿色指导与监督管理。其中《奥运工程环保指南》是指导奥运场馆建设的核心文件之一，具有法律和行政的双重效力。政府有关部门按照《奥运工程环保指南》和《奥运工程绿色施工指南》要求，对奥运工程施工和奥运场馆室内空气质量开展监督管理。

与此同时，奥运场馆建设充分体现了“绿色奥运”的理念，在建筑节能、水资源节约、新能源利用、绿色建筑、环境保护等方面成为节能环保建筑的典范。

第一节 北京奥组委环境管理体系

一、环境管理体系建立与认证

为做好奥运会环保工作，北京奥组委采用贯彻ISO 14001环境管理体系标准的方法对奥运会筹办及举办过程进行环境管理。2002年年初，北京奥组委开始着手根据 ISO 14001：1996 环境管理体系标准建立环境管理体系。

2003 年 5 月 16 日，环境活动部代表北京奥组委与有丰富奥运会经验的西图爱德司技术咨询（中国）有限公司［以下简称西图（中国）公司］签订了《环境总体规划与环境管理系统合作协议》，这标志着北京奥组委实现申办承诺、建立环境管理体系工作的正式启动。该体系的建立是北京创办“绿色奥运”的重要手段。

北京奥组委建立环境管理体系的工作也是国际奥委会关注的环境重点工作之一。2003 年 8 月底，国际奥委会协调委员会的两位环境顾问来京召开环境专题会，和北京奥组委环境活动部一起讨论了西图（中国）公司专家提交的《北京奥组委环境总体规划》与《北京奥组委环境管理系统》初稿，并提出了建议。

为了配合环境管理体系的建立，2003 年北京奥组委分别开展了对各部部长、处长、环境联络员和新招聘人员的环境管理体系（EMS）工作培训。

2004 年 4 月 7 日，北京奥组委主席刘淇签发了《北京奥组委环境管理体系环境方针》，标志着北京奥组委在今后举办、筹办奥运会的过程中，将按照该环境方针，充分体现“绿色奥运”的理念。

在《北京奥组委环境管理体系环境方针》中，北京奥组委郑重承诺，在筹备和举办奥运会和残奥会的过程中：

“要把环境保护作为奥运设施和建设的首要条件，制定严格的生态环境标准和系统的保障制度；”

“要用保护环境、保护资源、保护生态平衡的可持续发展思想，指导运动会的工程建设、市场开发、采购、物流、住宿、餐饮及大型活动等，尽可能减少对环境和生态系统的负面影响。”

“要积极支持政府加强环境保护市政基础设施建设，改善城市的生态环境，促进经济、社会和环境的持续协调发展。”

“要充分利用奥林匹克运动的广泛影响，开展环境保护宣传教育，促进公众参与环境保护工作，提高全民的环境意识。”

“要在奥运会结束后，为北京、为中国和世界体育留下一份丰厚的环境保护‘遗产’：奥运会绿色建筑示范工程；举办大型运动会新的环境管理模式；公众积极参与环保工作的机制；北京环境的持续改善。”

“为确保实现上述承诺，北京奥组委将严格遵守国家和北京市的环境保护法规和标准；使用新的环境管理模式，达到更高的环保要求；动员所有参与奥林匹克运动的人员以及公众行动起来，实践绿色奥运的理念。按照 ISO 14001 原则建立北京奥组委环境管理体系。每年公开发布‘绿色奥运’工作进展情况，介绍工作成果。”

2004 年 6 月 2 日，根据环境方针，北京奥组委编制完成了《北京奥组委环境管理体系手册》，确定了环境管理体系的管理者代表，明确了各部门的环境职责，培训了各部门的环境联络员，组织完成了各部门的初始环境评审，确定了各部门的初步环境因素，为今后运行该体系和通过审核奠定了基础。

2005 年 8 月，北京奥组委环境管理体系接受中环联合（北京）认证中心的二阶段认证审核。2005 年 9 月 29 日，北京奥组委通过了 ISO 14001：1996 环境管理体系审核和认证，获得认证证书。该体系覆盖了北京奥组委绿色办公、室外赛事路线选择、场馆规划建设、宣传报道、市场开发、住宿服务及环境管理 7 个方面的相关工作。10 月 13 日，北京奥组委取得中环联合（北京）认证中心颁发的环境管理体系认证证书。

2006 年 9 月，北京奥组委环境管理体系接受监督审核及换版审核。2006 年 10 月 11 日，中环联合（北京）认证中心完成了对北京奥组委环境管理体系的全部审核。中环联合（北京）认证中心认为北京奥组委建立的环境管理体系符合 ISO 14001：2004 标准要求，向北京奥组委换发了 ISO 14001：2004 环境管理体系认证证书（图 2-1）。此次认证的范围包括绿色办公、室外赛事路线选择、宣传报道、住宿服务、餐饮服务、市场开发、物资采购、大型活动组织、赛时交通服务、火炬接力线路、场馆规划建设和环境管理 12 个方面的工作。

图 2-1 北京奥组委获得的 ISO 14001：2004 环境管理体系认证证书

二、环境管理体系实施

按照北京奥组委的环境方针，在筹办过程中，北京奥组委对奥运工程建设、市场开发、赛事组织、大型活动组织、办公、采购、住宿、交通、餐饮、宣传等方面的活动进行管理，以尽量减少这些活动对环境造成的影响。

（一）奥运工程环境管理

北京奥运会场馆共有竞赛场馆 31 个、非竞赛场馆 17 个、京外赛场 6 个。北京的竞赛场馆中，有新建场馆 12 个、改扩建场馆 11 个、临时场馆 8 个。2003 年 12 月，国家体育场开工奠基，其余奥运场馆也相继开工，奥运会场馆建设全面展开。根据北京市政府与北京奥组委职责分工，在奥运工程建设方面，由北京奥组委对场馆提出需求，北京市政府负责奥运工程的具体建设。

2003—2004 年，北京奥组委编制完成《奥运工程环保指南》《奥运工程绿色施工指南》《奥运改扩建工程环保指南》《奥运临建工程环保指南》。其中《奥运工程环保指南》《奥运改扩建工程环保指南》和《奥运临建工程环保指南》分别针对新建场馆、改扩建场馆和临时场馆工程建设编制，《奥运工程绿色施工指南》针对工程施工编制，用以减少工程建设对周边环境造成的影响。

（二）市场开发的环境保护

奥运会市场开发计划包括合作伙伴计划、赞助商计划、供应商计划、特许商品市场开发计划以及门票计划等。

在合作企业选择过程中，北京奥组委在招标阶段即融入“绿色奥运”理念。在合作伙伴、赞助商、供应商（以下统称赞助商）选择过程中，北京奥组委要对投标企业进行评分，其中通过 ISO 14001 环境管理体系、获得过环境标志认证、获得环保工作奖励等方面的环境友好企业可以获得相应的环境得分；在特许商品生产企业选择过程中，把通过 ISO 14001 环境管理体系认证作为必要条件，合作企业必须通过 ISO 14001 环境管理体系认证。

2004 年年底及 2005 年年初，随着市场开发工作的开展，北京奥组委环境活动部陆续编制完成了保险业、银行业、航空业、体育、轻型汽车、车用汽油、固定通信业、移动通信业 8 个类别的《北京奥运会合作伙伴环境保护要求指南》和酒类、白色家电、旅行社和汽车租赁公司 4 个类别的《北京奥运会赞助商环保指南》。2006 年 3 月，随着市场开发工作的进一步拓展，又编写了原油天然气行业、电力行业两个类别的《北京奥运会合作伙伴环境保护要求指南》和纺织品、互联网、矿物及奖牌、牛奶 4 个类别的《北京奥运会赞助商环保指南》。

市场开发优先选择环境友好企业作为 2008 年奥运会合作伙伴、赞助商，编写《北京奥运会合作伙伴环境保护要求指南》和《北京奥运会赞助商环保指南》，制定环保原则，在促进政府绿色采购的同时，促进企业的绿色采购。各指南分别提交给相关赞助企业，作为北京奥组委对赞助商的要求，指导合作企业的环保工作。

另外，为了加强对赞助商的环保意识宣传，在每年一度的赞助商大会上，市场开发部均设置环保专题，用以提高赞助商的环保意识。

（三）赛事、大型活动的环境保护

北京奥组委在赛事、大型活动方面注重环境保护，致力于将赛事、大型活动对环境的影响降至最低，并利用大型活动进行“绿色奥运”理念的宣传。

在赛事组织方面，北京奥组委在按照各国际单项体育联合会（IFs）的要求组织比赛基础上，室内项目重点控制体育器械的选择，室外项目重点控制线路的选择，加强对周边环境的保护。根据《国际奥委会体育器材指南》相关规定，北京奥组委应尊重 IFs 提名器材供应商的权利。对部分 IFs 指定或推荐的独家、多家供应商体育器材，北京奥组委均按照其要求进行市场开发和采购。针对那些 IFs 没有指定或推荐供应商的体育器材，北京奥组委对符合比赛和环保要求的器材供应商主要以采购招标的方式推动购置工作。

针对铁人三项、公路自行车、马拉松比赛，由于没有固定的比赛场所，北京奥组委在确定其比赛线路的时候，除满足比赛要求外，注重对水源地、自然景观、文化遗产及周边生态环境的保护。线路选择尽量避开水源地、自然景观、文化遗产。避不开的水源地、自然景观、文化遗产以及线路周边，已制订切实可行的环保方案，尽量减少对周边环境的影响。

火炬接力是筹办奥运会过程中非常重要的一项大型活动，在全世界有很重要的影响力。为降低火炬接力活动对环境产生的影响，北京奥组委编制完成了《北京奥运会火炬接力环保指南》，提供给火炬接力中心，用以指导火炬接力线路选择、活动组织等过程的行为，来降低对环境的影响。

（四）绿色办公

2003 年 6 月 3 日，北京奥组委发布《第 29 届奥林匹克运动会组织委员会绿色办公指南》用以规范北京奥组委办公活动。在办公大楼内，北京奥组委采用可回收、简包装的办公用品，推行无纸化办公，提倡名片、印刷品等使用再生纸印刷，避免使用对环境不友好的纸及纸制品，鼓励自然通风，节约用水，垃圾分类投放、节约能源和资源等行为。

2006 年 1 月，北京奥组委办公地点从青蓝大厦搬到北京奥运大厦。在此之前，北京奥组委秘书行政部对北京奥运大厦进行了装修。为保证办公环境满足国家标准要求，采用环保材料进行装修。同时，在办公家具的选用过程中，对家具进行环保检测，选用检测合格的办公家具。另外，2005 年年底，北京奥组委接受意大利国土与资源部捐赠，在北京奥运大厦楼顶修建太阳能热水系统。项目采用国际先进的太阳能直流管产品和技术，以太阳能作热源为大楼办公人员提供洗浴用水，利用楼顶 150 m^2 面积安装的集热系统，每天能够为 200 人次按每人 50 L 热水提供 45℃的洗浴热水。系统采用低谷电为辅助热源，光热的转换效率可以达到 90%以上，洗浴用水采用真空直流集热管水平安装工艺，拓展了太阳能与建筑物结合的可能性，具有国际先进水平。同时，该工程也是第 29 届奥运会组委会以自身行动倡导利用可再生能源、实现绿色办公、实践“绿色奥运”理念的具体行动。该系统采用的集热元件技术可靠、优点突出，整套系统设计科学合理，最大限度地利用了太阳能，热水的循环和输送过程卫生安全，安装工程符合国家标准。整个项目达到了国际先进水平。

北京奥组委在新办公大楼采取了一系列环保措施，力争做到绿色办公。北京奥组委所有用水器具全部采用节水设备，照明全部采用节能灯具，办公、餐饮垃圾实行分类回收，并在醒目位置设置好标识，提高员工节约意识（图 2-2）。

（a）北京奥运大厦内的分类回收垃圾箱

（b）北京奥组委员工食堂垃圾分类设备

图 2-2　办公、餐饮垃圾分类设备

2006 年，北京奥组委物业回收易拉罐 12 410 个，塑料瓶 12 710 个，废纸板 7 964 kg，报纸 5 715.5 kg。北京奥组委每天会议繁多，为减少一次性纸杯的使用，北京奥组委在纸杯上注明“保护资源、节约使用”的字样，来提醒参会人员对一次性用品节约使用。

在办公用电子产品方面，北京奥组委将废弃的墨盒和硒鼓集中回收，并委托有资质的公司对此类垃圾进行处理，截至 2006 年年底，共收集废旧墨盒、硒鼓 1.5 t。

为减少自驾车上下班，北京奥组委为员工提供了班车服务，共开通班车 13 辆，可乘坐 650 人。2006 年年底，北京奥组委工作人员共计 1 513 人，其中，乘坐班车上下班 494 人、自驾车上下班 592 人、骑自行车上下班 112 人、乘坐公共交通及步行上下班 315 人。

（五）绿色采购

采购是奥运筹备过程中的重要工作，为奥运会的成功举办提供物资保障。2006 年北京奥组委物流部正式成立，承担起北京奥组委物资采购工作。按照环境管理体系要求，采购过程中，所采购产品必须满足国家环保要求、产品标准。另外，在同等条件下，优先选择获得环境标志的产品、可再生利用的产品、低能耗产品及通过环境认证企业的产品。这些要求在招标过程中就纳入招标文件。

根据市场开发成果，物流公司 UPS 成为北京奥运会物流工作的合作伙伴，为北京奥运会提供物流服务。北京奥组委对 UPS 的物流运输车辆、二次包装等方面提出环境保护的要求。

为配合物流部的采购及物流工作，工程和环境部编写完成了《北京奥运会物流环境保护通用指南》提供给物流部，用以指导物流部的物流及采购工作。随着采购工作的不断深入，工程和环境部还组织编写《北京奥组委采购环境保护指南》，促进绿色采购工作。

（六）住宿环境管理

2004 年 1 月 8 日北京奥组委正式批准了《北京奥运会饭店服务环保指南》（以下简称《指南》）。该《指南》适用于与北京奥组委签订住宿接待服务协议的饭店，并作为协议的附件。《指南》在环保、节能、节水、节约资源等方面向签约饭店提出了严格要求，签约饭店在签约时应承诺遵守《指南》的要求，从而确保奥运会期间接待奥林匹克大家庭成员和其他注册人员的饭店在经营、服务中充分体现可持续发展思想，实践绿色奥运。

2004 年 3 月 18 日，首批签约饭店与北京奥组委签订了《奥运会住宿接待服务协议》。随后，北京奥组委运动会服务部和环境活动部开展了一系列环保活动，在饭店业起到了一定的示范作用。

2004 年 6 月 4 日，北京奥组委与 23 家签约饭店发出《空调节电倡议书》，倡议在不影响人体舒适度的前提下，夏季空调提高 1 度，冬季空调调低 1 度。2004 年 7 月 23 日，北京奥组委环境活动部运动会服务部联合组织 80 余家签约饭店进行节能技术培训。2004 年 11 月 15 日，北京奥组委环境活动部和地球村向 83 家签约饭店发放节能卡。配合北京市发改委的“绿色照明工程”活动，北京奥组委鼓励签约饭店选用节能灯具，更换白炽灯，部分签约饭店采购了高效照明光源产品约 20 000 只，节电器 10 台。

2005 年 7 月 22 日，北京奥组委运动会服务部和环境活动部联合举办了《北京奥运会饭店服务环保指南》节水部分的培训，107 家北京奥运会官方接待饭店的近 150 位代表参加了培训。北京节约用水管理中心负责人解释了《北京市节约用水办法》中的有关条款，结合各饭店的实际情况，向他们推荐了中水利用、雨水利用和应用节水型器具等节水措施，并介绍了节水型单位的技术指标和基础管理指标。2005 年 9—11 月，北京奥组委运动会服务部邀请相关的环保专家，对签约饭店在节能、节水、室内空气质量、综合管理等方面的情况进行了中期检查，以推进饭店实施《北京奥运会饭店服务环保指南》的工作。2006 年 1 月 12 日，召开了北京奥运会签约饭店环保情况沟通会，通报了各饭店贯彻执行《指南》的情况，对饭店今后的环保工作提出了建议。

北京市政府在市内饭店中推行绿色标准，与北京奥组委签约的北京饭店、中国大饭店等109家饭店在2007年年底前全部达标，成为名副其实的绿色饭店。按照绿色饭店的标准，饭店房间的牙刷、梳子、小香皂、拖鞋等一次性客用品和毛巾、枕套、床单、浴衣等客用棉织品，要按顾客意愿更换，减少洗涤次数。在食品方面，保证出售检疫合格的肉食品，严格蔬菜、果品等原材料的进货渠道，保证食品安全。

（七）交通环境管理

按照申奥承诺，北京奥组委在奥林匹克公园和奥运村内部分采用超低和零排放、低排放和低噪声车辆为奥林匹克大家庭提供交通服务。

北京奥组委组织编写《北京奥运会交通服务环保指南》，该指南对奥运服务车辆关于尾气排放、车辆维修保养、场站管理等方面提出要求，用以指导赛时交通服务工作。赛时，北京市为鼓励采用公共交通，凭奥运会门票可免费乘坐公交车。

（八）餐饮环境管理

为减少奥运餐饮工作对环境的影响，北京奥组委编写了《北京奥运会餐饮服务环保指南》。该指南从环境管理、资源保护、污染控制三个方面对提供餐饮服务的企业提出了环保要求，要求餐饮服务企业节约资源，控制污染，少使用一次性餐具，禁止使用一次性木筷。该指南在奥运餐饮企业承包商招标过程中即纳入招标文件，要求投标企业满足各方面要求，如“优先选择通过专业机构认定、许可使用绿色食品标志的食品”。

另外，在餐饮原材料的选择方面，北京奥组委在北京周边对餐饮供应基地进行考察、遴选，确定地点后要求餐饮基地严格按照北京奥组委的要求进行原材料的生产，杜绝使用杀虫剂和化肥，提倡和鼓励采购有机食品，以保证奥运饮食安全。

（九）绿色奥运宣传

北京奥组委利用奥运契机，大力推进北京市环境建设，利用宣传活动进行“绿色奥运”的宣传教育，提高北京市民环境意识。北京奥组委在宣传品、纪念品制作时尽量采取再生纸及环保油墨，并在宣传品、纪念品上进行绿色奥运理念的宣传。利用官方网站、报纸、电视等媒介进行“绿色奥运”宣传，并邀请社会上知名的环保专家组成“绿色奥运、绿色行动”宣讲团到北京的社区、学校进行“绿色奥运”宣传，推动广大公众从我做起、从现在做起，开展各种绿色行动。

第二节 奥运工程环保审批和验收

奥运工程项目环评审批自 2003 年启动，市环保局编制了《奥运场馆建设项目执行环保审批程序的意见》。要求对所有奥运场馆项目，业主单位都必须申报环境影响评价文件，履行环境保护审批程序。建设项目完成后履行环境保护验收程序；对奥运场馆项目纳入“绿色通道”，及时对项目提出环保审查意见，用最快的速度依法依规高质量地完成审批手续；成立绿色奥运项目绿色审计机构，负责对工程设计中落实环境影响评价文件及批复、绿色奥运和绿色工程导则的情况进行审计，并负责提出要求进行修改；在工程竣工验收时，根据日常监督审计的结果及监测报告，决定工程是否通过验收。在每一个环节保障每个项目污染物达标排放、环境影响可控。

一、工程项目环评审批概况

2003 年 4 月—2005 年 11 月，市环保局对国家体育场、国家游泳中心、北京射击馆、老山自行车馆、国家体育馆等 12 个奥运新建场馆完成了环保审批，见表 2-1。

表 2-1　奥运会新建竞赛场馆环评审批情况汇总

编号	项目名称	建设单位	环评批复情况	
			审批日期	审批文号
1	国家体育场	北京中信联合体	2003-04-24	〔2003〕133　书
2	国家游泳中心	北京国有资产管理公司	2003-04-08	〔2003〕116　书
3	北京射击馆	国家体育总局	2003-10-14	〔2003〕384　表
4	老山自行车馆	国家体育总局	2003-10-16	〔2003〕392　表
5	国家体育馆	北京城建投资发展股份有限公司联合体	2004-4-13	〔2004〕168　书
6	五棵松体育馆	中关村建设联合体	2003-11-24	〔2003〕460　书
7	顺义奥林匹克水上中心	天鸿联合体	2004-03-22	〔2004〕122　书
8	北京大学体育馆	北京大学	2004-12-27	〔2004〕1153 表
9	中国农业大学体育馆	中国农业大学	2005-02-06	〔2005〕124　表
10	北京科技大学体育馆	北京科技大学	2005-05-12	〔2005〕416　表
11	北京工业大学体育馆	北京工业大学	2004-05-18	〔2004〕230　表
12	奥林匹克公园网球中心	北京市国有资产经营有限责任公司	2005-11-04	〔2005〕1036 表

2004 年 1 月—2006 年 11 月，市环保局分别对奥体中心体育场、英东游泳馆、老山山地车自行车场、北京射击场、奥体中心体育馆等 11 个奥运会改扩建竞赛场馆完成了环评审批，见表 2-2。

2004 年 5 月—2007 年 2 月，市环保局完成了五棵松临时棒球场、奥林匹克公园曲棍球场、沙滩排球场等 8 个奥运会竞赛场馆（临时比赛场馆）的环评审批手续，见表 2-3。

2004 年 4 月—2005 年 12 月，市环保局完成了奥运村、奥运森林公园、数字北京大厦、记者村等 7 个奥运会相关设施的环评手续，见表 2-4。

表 2-2　奥运会改扩建竞赛场馆环评审批情况汇总

编号	项目名称	建设单位	环评批复情况	
			审批日期	审批文号
1	奥体中心体育场	国家体育总局	2005-04-18	〔2005〕341
2	英东游泳馆	国家体育总局		〔2005〕341
3	老山山地自行车场	国家体育总局	2004-01-18	〔2004〕25
4	北京射击场	国家体育总局	2004-11-17	〔2004〕943
5	奥体中心体育馆	国家体育总局	2005-04-18	〔2005〕341
6	首都体育馆	国家体育总局	2005-06-09	〔2005〕516
7	丰台垒球场	丰台体育中心管理处	2005-04-08	〔2005〕302
8	工人体育馆	北京市总工会	2005-12-09	2005-1162
9	工人体育场	北京市总工会		2005-1162
10	北京理工大学体育馆	国防科工委	2006-10-18	2006-1025
11	北京航空航天大学体育馆	国防科工委	2006-11-28	2006-1209

表 2-3　奥运会竞赛场馆（临时比赛场馆）环评审批情况汇总

编号	项目名称	建设单位	环评批复情况	
			审批日期	审批文号
1	五棵松临时棒球场	北京五棵松文化体育中心有限责任公司	2005-09-10	2005-864
2	奥林匹克公园曲棍球场	北京市国有资产经营有限责任公司	2005-11-04	2005-1034
3	沙滩排球赛场	北京朝阳公园开发经营公司	2005-11-02	2005-1056
4	奥林匹克公园射箭赛场	北京市国有资产经营有限责任公司	2005-11-04	2005-1035
5	会议中心击剑馆	北京北辰实业股份有限公司	2004-05-19	〔2004〕268
6	铁人三项赛赛场	昌平区政府	2007	〔2007〕213
7	城市公路赛场	奥指办	2007-2-26	〔2007〕171
8	小轮车赛场	石景山重点项目办	2006-10-25	2006-1044

表 2-4　奥运会相关设施环评审批情况汇总

编号	项目名称	建设单位	环评批复情况	
			审批时间	审批文号
1	奥运村	北京城建投资发展股份有限公司联合体	2004-4-20	〔2004〕185 书
2	会议中心	北辰实业股份有限公司	2004-06-03	〔2004〕268
3	奥运森林公园	朝阳区政府	2005-12-10	2005-1161
4	数字北京大厦	市信息化工作办公室	2004-04-02	〔2004〕142
5	记者村	北辰实业联合体	2005-09-14	2005-865
6	会议中心 9 号楼	北京会议中心	2005-12-08	2005-1148
7	中国科技馆二期	中国科技馆	2005-12-16	2005-1183

二、部分场馆设施环评审批要求

1. 国家体育馆

基本情况：国家体育馆是为迎接 2008 年奥运会而建设的大型体育馆，将作为第 29 届奥运会的体操比赛、排球、手球决赛等比赛用馆。奥运会后，国家体育馆可承担特殊重大比赛、各类常规赛事，将成为北京最大的室内运动馆之一。国家体育馆位于奥林匹克公园的中部，规划建设用地约 6.7 hm^2，主体建筑紧邻城市中轴线，国家体育馆、国家游泳中心与拟建的国家体育场相对于中轴线均衡布置。国家体育馆总占地 67 000 m^2，总建筑面积约 7 万 m^2，奥运会期间，国家体育馆可容纳观众 1.9 万人，其中临时座位 3 000 个（赛后拆除）。总投资预计为 7 亿元人民币（约 0.9 亿美元）。建筑控高 45 m，绿化率不低于 30%。

审批要求：项目采用城市热力供暖。地下车库及餐饮废气须经处理高处排放，分别执行国家《大气污染物综合排放标准》（GB 16297—1996）中“新污染源大气污染物排放限值”和《饮食业油烟排放标准（试行）》（GB 18483—2001）中的限值；项目须实行雨污分流，生活污水经化粪池、隔油池处理后排入市政管网，执行《北京市水污染物排放标准（试行)》中排入城市下水道B标准；项目固定噪声源厂界噪声执行国家《工业企业厂界噪声标准》（GB 12348—1990）中Ⅰ类标准；项目要按照奥运行动规划中的要求，绿地灌溉、冲厕使用中水。场馆设计中采用节水、节能建筑材料和设备，对垃圾实行分类收集，限制一次性物品使用；项目施工前，须制订控制工地扬尘方案，施工期间接受城管部门的监督检查，执行《北京市城市房屋拆迁施工现场防治扬尘污染管理规定》《建筑施工场界噪声限值》（GB 12523—1990）和《北京市建设工程施工现场管理办法》中的规定，做好防尘、降尘工作，不得扰民。施工渣土必须覆盖，严禁将渣土带入交通道路，遇有4级以上大风要停止土方工程；项目竣工后3个月内须向市环保局申请办理环保验收手续。

国家体育馆的建设是实现"绿色奥运"承诺的具体体现之一，在工程建设及使用中符合有关环保要求并与国际标准接轨，在总体设计、建筑节能、区内绿化、建材使用、水资源等方面实现绿色设计，并做到绿色施工、绿色消费和绿色管理。绿色奥运理念的体现：①建筑节能，采用外墙保温技术、外遮阳技术和自然通风及市内空气净化处理技术，保证了维护结构的隔热保温性能和良好的室内空气质量。采用先进的地源热泵空调/供暖技术和太阳能发电技术，使地热能的利用在该建筑中得到较好的展示，降低了建筑能耗对环境的影响。采用高效节能光源照明、变频技术、蓄冷空调，充分考虑了自然通风和自然照明，降低了能耗，提高了系统的能源效率。②园林绿化，绿化植物以北京乡土植物为主，同时合理选用了部分景观效果和生态效益良好的新优植物，重视生物多样性保护。大部分地下设施覆土绿化的土壤深度超过3 m，增加绿地面积并保证绿化景观和植物群落的稳定性。规划了 1.3 hm^2 的屋顶绿化，对建筑节能和提高区域内的绿化效益具有重要意义。体现了节水、节电的绿色理念，绿地全部采用雨水或再生水灌溉，不浪费饮用水资源，并全部采用节水喷灌。绿地照明系统采用了太阳能光伏电源。③绿色建材，国家体育场馆的卫生器具采用了较高技术层次的节水型管件。采用优质市政中水作为冲厕、绿化水源，节省再生水处理工程，节约用地，节省工程费用。

2. 奥体中心体育场

基本情况：国家奥林匹克体育中心（以下简称奥体中心）坐落在北京城市北中轴线与北四环路交叉点的东南角，占地约 65.7 hm^2，是为承办 1990 年亚运会兴建的体育场馆区，是北京城市北部重要的标志性建筑群。根据 2008 年奥运会竞赛安排及奥林匹克公园总体规划，在奥运会期间，奥体中心将承担一系列赛事活动安排，并与北侧的奥林匹克公园中心区共同构成奥林匹克公园的重要组成部分。在充分利用奥体中心现有结构、功能布局的基础上，对现状进行补充和完善，使其在改造后能够满足奥运会和赛后运营的需要。体育场是奥体中心的重要场馆，位于奥体中心总体规划的南部，占地面积为 112 000 m^2。该场现有建筑面积 20 000 m^2，观众席 18 000 个，改扩建后建筑面积 37 300 m^2，观众席 40 000 个。

审批要求：项目排水须实行雨、污分流。生活污水须排入市政污水管网，执行《北京市水污染物排放标准（试行）》中排入城市下水道的水污染物排放 B 标准。体育场马厩污水处理后排放须达到国家《畜禽养殖业污染物排放标准》（GB 18596—2001）；项目供热须使用清洁能源，不得新建燃煤设施。餐厅的油烟须经净化装置处理后达标排放，执行《饮食业油烟排放标准（试行）》（GB 18483—2001）中的限值；项目风机、水泵等固定噪声源须采取有效的隔声减振措施，奥体中心厂界噪声执行《工业企业厂界噪声标准》（GB 12348—1990）中Ⅳ类标准；项目要按照奥运行动规划中的要求，绿地灌溉、冲厕使用中水。场馆改造中采用节水、节能建筑材料和设备，对垃圾实行分类收集，限制一次性物品使用；项目须按照“奥运工程施工指南”进行施工。施工前，须制订工地扬尘控制方案。施工期间，须接受城管部门的监督检查，执行《北京市城市房屋拆迁施工现场防止扬尘污染管理规定》《北京市建筑工程施工现场管理办法》和《建筑施工场界噪声限值》（GB 12523—1990）中的规定，采取有效防尘、降噪措施，不得扰民。施工渣土必须覆盖，严禁将渣土带入交通道路，遇有 4 级以上大风要停止拆除和土方工程作业，禁止现场搅拌混凝土；工程竣工后 3 个月内须向市环保局申请办理环保验收手续。

奥体中心改扩建工程严格执行相关环境保护相关标准，充分考虑了节能、节水及节约其他资源，使用绿色建材产品，各项污染物的排放均满足相关标准，室内环境质量符合国家要求。主要体现在：①绿色建材，场馆改扩建选用的材料为对地球环境负荷最小和对人类身体健康无害的绿色材料。选用超平滑的抗污、憎水的陶瓷釉面节水型卫生陶瓷产品。②绿化，新增和置换的绿化植被以乔木和本地植物为主，同时考虑特定区域功能要求与环境条件，乔、灌、草搭配，以发挥园林植物的生态和景观作用。绿地浇灌采用再生水和节水浇灌技术，节约水资源。新增绿地内设置渗透沟，以补充地下水。

3. 奥林匹克公园射箭场

基本情况：奥林匹克公园射箭场位于森林公园的西侧，是森林公园奥运三场馆之一，另外两个场馆为网球中心和曲棍球场。射箭场总用地面积约 8.7 hm^2，用地内布置了射箭场地、观众看台和配套功能用房，其中射箭场地 3 块，观众看台 4 740 座，配套功能用房 6 000 m^2。射箭场是 2008 年北京奥运会的一个临时场馆，赛时用作射箭训练和比赛，赛后拆除，恢复为森林公园一部分。

审批意见：项目排水须实行雨污分流，生活污水排入项目北侧奥林匹克网球中心中水处理站统一处理回用，执行《城市污水再生利用　城市杂用水水质》（GB/T 18920—2002）的标准；项目须对空调、通风设备等固定噪声源采取隔声减振措施，厂界噪声临城市道路一侧执行《工业企业厂界噪声标准》（GB 12348—1990）中Ⅳ类标准，其余执行Ⅰ类标准；项目要按照奥运行动规划中的要求，场馆设计中采用节水、节能建筑材料和设备，对垃圾实行分类收集，限制一次性物品使用；项目施工前，须制订控制工地扬尘方案。施工期间，接受监督检查，执行《奥运工程绿色施工指南》《北京市建设工程施工现场管理办法》和《建筑施工场界噪声限值》（GB 12523—1990）中的规定，做好防尘、降尘工作，施工渣土必须覆盖，严禁将渣土带入交通道路，遇有4级以上大风要停止土方工程；工程竣工后3个月内须向市环保局申请办理环保验收手续。

4. 奥运森林公园

基本情况：奥林匹克森林公园位于奥林匹克公园北部，处于北京城市中轴线北端的重要地段，规划范围北至清河南侧河上口线和洼里三街，南至辛店村路，东至安立路，西至白庙村路，建设面积约700 hm^2，公园以五环为界分为南北两个区域。南区占地约380 hm^2，包括入口区、主山景区、主湖景区、湿地展示区、生态康体活动区、清河导流渠片区、垂钓区和娱乐休闲区等；北区占地约 320 hm^2，包括小动物放养区、生态教育区、公园管理区、社区活动区。

审批意见：项目办公、服务区须采用燃气锅炉供暖，其他区域为市政热力供暖，不得新建燃煤设施，锅炉废气排放执行《锅炉污染物综合排放标准》（DB 11/139—2002）中的限值。地下车库废气须高处排放，执行国家《大气污染物综合排放标准》（GB 16397—1996）中“新污染源大气污染物排放限值”。餐厅油烟须净化装置处理达标后高处排放，执行《饮食业油烟排放标准（试行）》（GB 18483—2001）中的限值。项目排水须实行雨、污分流，生活污水须排入市政管网。最终排入城镇污水处理厂，执行《水污染物排放标准》（DB 11/307—2005）中排入城镇污水处理厂的水污染物排放限值。若最终排水改入清河下段（为地表Ⅴ类水体），所排污水应达到《水污染物排放标准》（DB 11/307—2005）中的三级标准限值。项目施工及运营过程中须采取必要的防渗和防止水质恶化的措施，节约水资源，控制主湖区的补水水质，保障湖体水质。

项目风机等固定噪声源须采取有效的隔声减振措施，道路两侧须采取配置林带等必要的隔声措施。临道路一侧厂界噪声执行《工业企业厂界噪声标准》（GB 12348—1990）中Ⅳ类标准，其余范围执行Ⅰ类标准。项目运营过程中产生的固体废物须按照国家及北京市有关管理规定处置或利用。项目施工前，须制订工地扬尘控制方案。施工期间，须接受监督检查，执行《奥运工程绿色施工指南》《北京市建筑工程施工现场管理办法》和《建筑施工场界噪声限值》（GB 12523—1990）中的规定，采取有效防尘、降噪措施，不得扰民。施工渣土必须覆盖，严禁将渣土带入交通道路，遇有 4 级以上大风要停止拆除和土方工程作业，禁止现场搅拌混凝土。工程竣工后 3 个月内须向市环保局申请办理环保验收手续。

森林公园是奥林匹克公园的重要组成部分，森林公园的建设体现了北京奥运“绿色、科技、人文”的理念，北京在森林公园的自然山水中得到升华，既突出了作为历史文化名城的城市风貌，又体现了首都作为国际性现代大都市的非凡气势。

三、奥运工程项目环保验收概况

奥运项目竣工验收不同于其他项目，是审查奥运项目是否实现污染物达标排放，是否体现了“绿色奥运”理念的重要管理环节。奥运项目环保验收主要集中在 2007 年、2008 年，共办理了 31 个新建、改扩建、临建奥运比赛场馆，以及一些奥运相关配套设施的环保验收工作。

奥运项目验收工作时间短、审查任务重，市环保局通过与市建委联合发出通知，要求在申请工程质量检查前必须向环保部门提交验收申请报告。建立了“绿色通道”，保证奥运场馆验收的顺利进行。从窗口受理、组织审查、签发、制文、返回窗口都是在第一时间安排，以保证最快的速度依法高质量地完成对奥运项目的环保审查。随着工作的深入，奥运开幕时间的临近，市环保局制定了《奥运场馆环保验收工作方案》。

主要做法有：采取主动介入方式密切关注场馆建设进度；提前调查项目环保措施落实情况；认真指导各场馆业主准备验收相关材料；逐一督促业主单位申报。与此同时，对奥运配套项目（如机场线、奥运支线等）的验收工作也同步进行。

截至奥运会开幕前，12 个奥运会新建竞赛场馆、11 个奥运会改扩建竞赛场馆、8 个奥运会竞赛场馆（临时比赛场馆）全部完成了环保验收（表 2-5～表 2-8）。

表 2-5　12 个奥运会新建场馆验收情况汇总

编号	验收情况 项目名称	验收文号	验收时间
1	国家体育场	京环验〔2008〕188 号	2008-7-11
2	国家游泳中心	京环验〔2008〕187 号	2008-7-11
3	北京射击馆	京环验〔2008〕151 号	2008-6-6
4	老山自行车馆	京环验〔2007〕366 号	2007-12-27
5	国家体育馆	京环验〔2008〕77 号	2008-3-27
6	五棵松体育馆	京环验〔2008〕98 号	2008-4-28
7	顺义奥林匹克水上中心	京环验〔2008〕156 号	2008-6-6
8	中国农业大学体育馆	撤回	
9	北京大学体育馆	京环验〔2008〕162 号	2008-6-23
10	北京科技大学体育馆	京环验〔2009〕254 号	2009-10-29
11	北京工业大学体育馆	京环验〔2008〕47 号	2008-3-6
12	奥林匹克公园网球中心	京环验〔2008〕48 号	2008-3-6

表 2-6　11 个奥运会改扩建场馆验收情况汇总

编号	验收情况 项目名称	验收文号	验收时间
1	奥体中心体育场	京环验〔2008〕9 号	2008-1-16
2	英东游泳馆	京环验〔2008〕10 号	2008-1-16

编号	验收情况 项目名称	验收文号	验收时间
3	老山山地自行车场	京环验〔2007〕367 号	2007-12-27
4	北京射击场	京环验〔2008〕144 号	2008-5-23
5	奥体中心体育馆	京环验〔2008〕161 号	2008-6-23
6	首都体育馆	京环验〔2008〕192 号	2008-7-12
7	丰台垒球场	京环验〔2007〕210 号	2007-7-28
8	工人体育馆	京环验〔2008〕99 号	2008-4-28
9	工人体育场	京环验〔2008〕134 号	2008-5-22
10	北京理工大学体育馆	京环验〔2008〕79 号	2008-3-27
11	北京航空航天大学体育馆	京环验〔2008〕114 号	2008-5-6

表 2-7　8 个奥运会临建场馆验收情况汇总

编号	验收情况 项目名称	验收文号	验收时间
1	五棵松临时棒球场	京环验〔2007〕303 号	2007-11-9
2	奥林匹克公园曲棍球场	京环验〔2007〕241 号	2007-8-27
3	沙滩排球赛场	京环验〔2007〕286 号	2007-10-26
4	奥林匹克公园射箭赛场	京环验〔2007〕240 号	2007-8-27
5	会议中心击剑馆	京环验〔2008〕213 号	2008-7-31
6	铁人三项赛赛场	京环验〔2007〕277 号	2007-10-16
7	城市公路赛场	京环验〔2007〕263 号	2007-9-24
8	小轮车赛场	京环验〔2008〕20 号	2008-2-2

表 2-8　奥运会相关设施验收情况汇总

编号	验收情况 项目名称	验收文号	验收时间
1	奥运村	京环验〔2008〕160 号	2008-6-23
2	会议中心	京环验〔2008〕213 号	2008-7-31
3	会议中心配套酒店	京环验〔2008〕222 号	2008-8-6
4	会议中心 9 号楼	京环验〔2008〕190 号	2008-7-11
5	奥运森林公园	京环验〔2010〕184 号	2010-6-25

四、部分场馆验收情况

1. 国家游泳中心（水立方）

国家游泳中心（水立方）坐落在北京市朝阳区奥林匹克中心区B区，是2008年北京奥运会标志性建筑物之一，也是北京市政府指定的唯一一个由港、澳、台同胞和海外侨胞捐资建设的标志性奥运场馆。奥运会期间，承担游泳、跳水、花样游泳比赛。奥运会赛后将成为一个多功能的大型水上运动中心，能为公众提供水上娱乐、运动、休闲、健身等服务。

项目总建筑面积约8万m^2，总投资102 008万元，环保投资1 226万元。建筑物呈方形布置，地下两层，地上局部四层。项目有竞赛池、热身池及跳水池各一座。

项目设计与建设中，在污水治理、中水回用、节水控制等方面下了很大功夫。为确保水立方的水质达到国际泳联最新卫生标准，泳池的水将采用砂滤—臭氧—活性炭净水工艺，全部用臭氧消毒。据介绍，臭氧消毒不仅能有效去除池水异味，而且可消除池水对人体的刺激。泳池换水全程采用自动控制技术，提高净水系统运行效率，降低净水药剂和电力的消耗，可以节约泳池补水量50%以上。项目生活、消防用水来自市政自来水管网；洗浴等废水，将经过生物接触氧化、过滤，再用活性炭吸附并消毒后，用于场馆内便器冲洗、车库地面的冲洗以及室外绿化灌溉。仅此一项就可每年节约用水 44 530 t。建有虹吸雨水收集系统，屋面雨水通过管网收集至室外南广场的雨水综合池中，雨水经过处理后进行回用，主要用途为室外绿化用水、室外水景补水、冷却塔补水。此外，为了减少水的蒸发量，水立方的室外绿地将在夜间进行灌溉，采用以色列的微灌喷头，建成后可以节约用水 5%。为尽可能减少人们在使用时对水的浪费，水立方对便器、沐浴龙头、面盆等设备均采用感应式的冲洗阀，合理控制卫生洁具的出水量，并在各集中用水点设置水表，计量用水量。通过这些措施，可以节水约10%。

经验收监测，国家游泳中心项目污水达到《水污染物排放标准》（DB 11/307—2005）中排入城镇污水处理厂的水污染物排放限值，风机等固定噪声源采取有效的隔声减振措施达到《工业企业厂界噪声标准》（GB 12348—1990）中Ⅰ类标准，临道路一侧厂界噪声达Ⅳ类标准。项目落实了相应环保措施，做到了环保设施与主体工程同时设计、同时施工、同时投入使用，同意通过环保验收。

2. 首都体育馆

首都体育馆建成于 1968 年，一直负担着国家冬季运动项目的管理、训练和比赛任务，因受当时的经济条件、使用功能要求、建筑材料水平的限制，与当今的现代化体育设施存在着较大的差距。为确保奥运会比赛的顺利进行，通过全面的技术改造解决首都体育馆的设备陈旧老化问题，消除潜在安全隐患，满足奥委会和国际排球联合会提出的关于比赛场地、观众席位等技术要求，对首都体育馆进行改扩建。首都体育馆占地面积 12 hm^2，区域内主要布置有比赛馆、综合训练馆、首都滑冰馆及首体宾馆、空调机房、锅炉房、职工食堂、变电所等。改扩建工程区域占地 8.16 hm^2，主要对比赛馆、训练馆和变电所 3 座建筑进行改造，并同时更新给排水系统、暖通空调系统和电气系统。

首都体育馆锅炉燃料采用天然气为清洁能源。地面停车场由于汽车流量小且场地开阔，汽车尾气的影响较小。职工食堂产生的油烟经油烟净化器处理后排放。体育馆职工和运动员产生的生活污水经化粪池处理后，全部进入市政管网，最终排入污水处理厂。沿场馆各道路、通道及人群聚集处均设有对各种固体废物进行分类集中收集的设施，观众、运动员、服务人员产生的生活垃圾均能及时清运。

经验收监测，验收期间，项目厂界噪声监测值符合《工业企业厂界噪声标准》（GB 12348—1990）中Ⅰ类昼间标准。经审查，同意该项目通过环保验收。

3. 沙滩排球场

朝阳公园奥运沙滩排球比赛场建在朝阳公园内东北角，包含 1 个 12 000 座的主赛场、6 块训练场、2 块热身场以及赛事服务功能用房；这些建筑除 3 座附属用房予以保留以外，其他均为临时建筑，奥运赛后进行拆除。主赛场为临时结构，采用搭建方式，赛后拆除；其 6 块训练场及 2 块热身场设在主赛场的南侧，改造后用作多功能会议厅、设备存放间、记者休息区、安保指挥中心、运动员休息室和裁判员休息室等。

朝阳公园沙滩排球场作为临时场馆项目，以经济环保、建筑材料可回收利用为目标，工程采取可拆除结构，并利用公园原有 3 座旧厂房作为比赛的功能用房，临时场馆拆除后大部分建筑材料可回收再利用，创造出功能布局合理，经济实用、美观现代的一个临时性比赛场地。

沙滩排球场无废气污染源。奥运期间生活污水总排水量为 50 m^3/d，全部经城市污水管网排入高碑店污水处理厂。生活垃圾由环卫统一清运。选用低噪声设备，场馆周边为公路，没有噪声敏感目标。经审查，同意该项目通过环保验收。

4. 奥运村

奥运村是北京奥林匹克公园内的重要建筑群之一，是世界各地运动员在奥运会召开之前和奥运会期间共同居住的地方，位于奥林匹克公园西北角，东南为奥运比赛主场馆，北侧是森林公园，西为已建成的居住区。占地约 27.55 hm^2，总建筑面积约 52 万 m^2，是由 42 栋住宅楼及 5 栋配套公共建筑组成的住宅建筑群。第 29 届奥运会时为 16 000 名运动员和随行官员提供住宿处所，在残奥会时为 7 000 名运动员和随行官员提供住宿处所。

奥运村污水日排水量随有无赛事和赛事规模大小而波动，但由于排水主要为冲厕废水、盥洗废水、洗浴废水和厨房废水等生活污水，该项目总排口排水水质基本不变。厨房污水经隔油池处理、其他污水经化粪池处理后，均经城市下水道排入北小河污水处理厂。北小河污水处理厂的再生水汇集清河污水处理厂的再生水又成为补水，通过湿地中水生动植物及微生物吸收降解的自然生态过滤，使水质达到景观用水标准。奥运村还采用先进供能技术，充分利用可再生能源：如先进热泵供热/空调技术（包括地源热泵技术、水源热泵技术等），蓄热蓄冷技术，太阳能光利用（照明）与供热技术；同时减少输热、输冷能耗，充分利用清洁能源，扩大热电联供或热电冷联供，扩大应用热泵、贮能、热回收和变流量技术。奥运村污水水源热泵系统、奥运村太阳能洗浴水加热系统的规模均居世界之首。

经验收监测，奥运村污水排放达到《水污染物排放标准》（DB 11/307—2005）中排入城镇污水处理厂的水污染物排放限值，风机等固定噪声源采取有效的隔声减振措施达到《工业企业厂界噪声标准》（GB 12348—1990）中Ⅰ类标准，临道路一侧厂界噪声达Ⅳ类标准。经现场检查达到验收条件，同意该项目通过环保验收。

第三节　奥运工程环保指南

北京奥运会比赛场馆共 36 个（北京 31 个，京外场馆 5 个），训练场馆 60 多个。在北京的 31 个比赛场馆中，新建场馆 12 个，改扩建场馆 11 个，临建场馆 8 个。除此以外，奥运场馆周边共需建设 62 条道路和 4 座桥梁，其中主干路 16 条、次干路 27 条、支路 18 条、一级公路 1 条，道路总长度约 162 km。自北京申办奥运会之初，针对奥运会场馆和工程建设可能产生的环境影响调查就已经展开，2001 年 7 月，北京申奥成功后，场馆建设的选址规划、方案设计、建设施工更需要全面融入“绿色奥运”的理念。

北京市人民政府、北京奥组委根据奥运工程建设特点制定了一系列的环保指南，进行绿色指导与监督管理，保证“绿色奥运”的理念在奥运工程建设的各个方面得以实施。

一、绿色奥运建筑

绿色奥运建筑是“绿色奥运”的重要组成部分，其目标是使奥运建筑为使用者提供健康、舒适、高效与自然和谐的活动空间，同时最大限度地减少对能源、水资源和各种不可再生资源的消耗，不对场址和周边环境及生态系统产生不良影响，并争取加以改善。

2003 年，北京市环境保护科学研究院、清华大学、北京市可持续发展科技促进中心等 9 家单位合作成立了绿色奥运建筑研究课题组，对绿色奥运建筑标准、评估体系和实施指南进行研究，该课题是科技奥运十大专项之一。课题组共同编制了《绿色奥运建筑评估体系》和《绿色奥运建筑实施指南》，2006 年，《绿色奥运建筑评估体系》获得北京市科学技术奖一等奖。

绿色奥运建筑评估体系和实施指南以奥运建设工程为切入点，介绍了绿色奥运建筑的设计思想、评估内容和具体的评价方法。建立了科学的绿色奥运建筑评估体系，得到一批绿色建筑定量化评价指标体系，通过“过程控制”的指导思想，从环境、能源、水资源、材料与资源、室内环境质量等方面阐述了如何全面提高奥运建筑的生态服务质量并有效减少资源与环境负荷，并分别列出在规划、设计、施工、运行不同阶段中绿色建筑所涉及的内容、要求及相应的评估方法和实施指南。

二、奥运工程环保指南

2004 年，为了在奥运场馆的建设过程中，促进首都的可持续发展，宣传和推广先进的环保理念和技术，确保在奥运场馆的设计、建设及使用过程中不给环境造成污染，使绿色奥运在奥运工程中得到具体落实，受北京奥组委委托，北京市环保局组织北京市环境保护科学研究院作为主持单位编制《奥运工程环保指南》，用以指导和规范奥运工程的建设。

《奥运工程环保指南》（以下简称《指南》）主要内容包括 6 个专题，即水资源保护与再利用、固体废物处置和利用、噪声防治、建筑节能、绿色建材、园林绿化。

在建筑节能方面进一步提高外围护结构节能水平，提倡使用清洁能源和再生能源。制定“居住建筑节能奥运标准”（表 2-9）。

表 2-9 奥运村外围护结构传热系数比较一览表

名称	外墙	屋面	外窗
北京节能标准	0.6	0.6	2.8
《指南》要求	0.6	0.56	2.5
奥运村设计	0.38	0.38	2.0

制定“绿色建材奥运标准”。要尽可能选择绿色建材，推广节能灯具，采用自然采光、自然通风热回收装置。所采用的建筑材料和装饰材料必须是通过 ISO 9000 和 ISO 14000 体系认证的产品。

要强调园林绿化的改善生态、美化城市景观、为奥运赛事和公众服务等功能。森林公园内以种植绿化乔木为主，尤以北京地区乡土树种为骨干。提倡垂直绿化、屋顶绿化、节水灌溉等。

水资源保护和再利用方面，通常要求卫生器具和管件必须采用节水型，进一步降低供水压力，安装末端计量装置等。提出了奥运场馆使用再生水的要求，提倡废污水、雨水资源化并涉及再生水使用安全性的问题。针对奥林匹克公园和五棵松文化体育中心，制定“再生水奥运标准”，特别是遵照安全性的原则对冲厕用再生水提出了更高的要求。

加强对固体废物的处置与再利用。拆除建筑材料尽量就地利用，减少土方运输量。奥运场馆垃圾将全部分类收集，妥善处置赛事垃圾，专门设立电子垃圾收集系统。临时设施应使用再生或可再生材料制作。

场馆的噪声控制设计应从建筑方案设计阶段开始，并与音质设计、扩声设计同步进行，从总体布局，设备选购。噪声防治措施等多方面进行噪声防治，严格控制施工噪声，杜绝噪声扰民现象。

《指南》被北京奥组委纳入每一个具体的奥运工程设计大纲之中，成为奥运工程落实绿色奥运、实现奥运承诺的重要依据，是奥运工程所有业主投标时和工程设计、建设和运营过程中必须承诺和完成的基本条件之一。在33项涉及奥运工程的绿色承诺中，通过《指南》可以落实14项（占42%）。《指南》是指导奥运场馆建设的核心文件之一，具有法律和行政的双重效力。

为更加具体地指导奥运工程的设计和建设，针对23个新建和改扩建场馆，北京奥组委在《指南》的基础上，逐一制定了“奥运场馆环境保护设计技术标准”。技术标准增加了清洁能源、室内空气、电磁辐射控制、光污染防治、消耗臭氧层物质替代产品5项内容，场馆设计涉及的环境保护领域增加到11个。针对8个临时场馆，又编制了《奥运临时场馆环保指南》。

对于40多个训练场馆，北京市环保局根据《指南》编制了“奥运训练场馆装修改造环境保护基本要求”。该环保要求下发到各训练场馆单位，作为工程设计、投标、建设，以及环保验收的重要依据。

第四节　奥运工程“绿色施工”监管

一、编制《奥运工程绿色施工指南》

为加强和规范奥运工程的施工管理，贯彻“绿色奥运”的理念，依据国家和北京市的有关法规、标准，以及申办奥运时的承诺，北京奥组委制定了《奥运工程绿色施工指南》，并于2003年11月对外公布。

《奥运工程绿色施工指南》（以下简称《施工指南》）对奥运工程绿色施工管理与技术准则具有指导性，提出了对奥运场馆和工程建设的环保基本要求。奥运工程是指在北京市及青岛、上海、天津、沈阳、秦皇岛 5 个京外赛场城市行政区域内，直接为奥运服务的新建、改建、扩建的场馆和相关设施以及奥林匹克中心区配套的市政基础设施工程。绿色施工是指遵守国家和地方相关法律、法规，符合《施工指南》各项要求的施工活动；在施工过程中体现保护环境、节约资源、维护生态平衡的可持续发展思想，建立完善的环境管理体系，落实工地环境保护措施，保证将工程施工对环境的负面影响减小到最低程度。

《施工指南》要求奥运工程的业主和施工单位在工程项目建设实施过程中，须依照国家和本市的有关法规以及《指南》的要求，建立完善的环境管理体系，落实建设项目施工工地环境保护措施，确保工程建设对周边环境的影响减小到最低程度，不干扰周围居民的日常生活。奥运工程建设主管部门负责统一组织落实《指南》各项要求，履行工地环境保护的监管职责，认真进行监督检查，并向北京市政府汇报奥运工程工地的有关环保情况。

《施工指南》列举出了部分绿色施工技术，如下：

（1）建设和施工单位要尽量选用高性能、低噪音、少污染的设备，采用机械化程度高的施工方式，减少使用污染排放高的各类车辆。

（2）施工区域与非施工区域间设置标准的分隔设施，做到连续、稳固、整洁、美观。硬质围栏/围挡的高度不得低于 2.5 m。

（3）易产生泥浆的施工，须实行硬地坪施工；所有土堆、料堆须采取加盖防止粉尘污染的遮盖物或喷洒覆盖剂等措施。

（4）施工现场使用的热水锅炉等必须使用清洁燃料。不得在施工现场熔融沥青或焚烧油毡、油漆以及其他产生有毒、有害烟尘和恶臭气体的物质。

（5）建设工程工地应严格按照防汛要求，设置连续、通畅的排水设施和其他应急设施。

（6）市区（距居民区 1 000 m 范围内）禁用柴油冲击桩机、振动桩机、旋转桩机和柴油发电机，严禁敲打导管和钻杆，控制高噪声污染。

（7）施工单位须落实门前环境卫生责任制，并指定专人负责日常管理。施工现场应设密闭式垃圾站，施工垃圾、生活垃圾分类存放。

（8）生活区应设置封闭式垃圾容器，施工场地生活垃圾应实行袋装化，并委托环卫部门统一清运。

（9）鼓励建筑废料、渣土的综合利用。

（10）对危险废弃物必须设置统一的标识分类存放，收集到一定量后，交有资质的单位统一处置。

（11）合理、节约使用水、电。大型照明灯须采用俯视角，避免光污染。

（12）加强绿化工作，搬迁树木须手续齐全；在绿化施工中科学、合理地使用与处置农药，尽量减少对环境的污染。

二、开展“绿色施工”多部门监管

奥运场馆建设之初，政府有关部门按照《奥运工程环保指南》和《奥运工程绿色施工指南》要求，对奥运工程施工开展监督管理。市环保局多次会同市建委、市城管执法局，指导各区县，采取定期和不定期单独或联合执法的方式对奥运工地进行检查，重点纠正施工现场没有洗车设施、施工中随意抛撒、易扬尘材料露天堆放、运输车辆不遮盖、遗撒等问题，一经发现及时处理，并通报相关部门。北京市建设委员会、北京市环境保护局、北京市市政管理委员会联合发布了《北京市建设工程施工现场环境保护标准》，标准强化了对建设施工现场环境保护的管理，控制施工扬尘、噪声和水污染，进一步规范了施工现场的环境保护工作。凡在北京市行政区域内从事建设工程的新建、扩建、改建等有关活动的单位和个人，均应执行本标准。标准规定：工程的施工组织设计中应有防治扬尘、噪声、固体废物和废水等环境污染的有效措施，并在施工作业中认真组织实施；施工现场应建立环境保护管理体系，责任落实到人，并保证有效运行；对施工现场防治扬尘、噪声、水污染及环境保护管理工作进行检查；定期对职工进行环保法规知识培训考核。

2004 年 4 月，市环保局成立奥运工程建设监督领导小组。自 2005 年起，领导小组和北京奥组委对包括新建场馆、改扩建场馆以及道路等在内的 90 多个奥运工程进行季度检查。监督部门每三个月抽选奥运工程工地进行管理措施、场容场貌、水污染防治、噪声污染防治、空气污染防治、节约资源、环境卫生和防疫等内容的检查和打分。每年的最后一个季度汇总得分后，对综合得分高的施工单位给予奖励，并颁发“绿色施工优秀工地”奖杯。

三、奥运工程绿色施工成为全国示范样板工程

根据《奥运工程绿色施工指南》的要求，各施工单位针对项目的不同特点将“绿色施工”环境管理与宣传提上了日程，为规范施工管理、践行“绿色奥运”理念采取了一系列切实可行的有效措施。

如国家游泳中心，非施工占地区域均种植花草，浮土暴露区域全部用密目网覆盖，切实做到绿化施工现场，建设成为花园式工地；地面均为混凝土全密封，所有油品、用油的机械设备下方设置接油盘，防止油品污染土地；场内易扬尘颗粒建筑材料实现密闭存放；散状颗粒物材料进场后临时用密目网或苫布进行覆盖，并控制一次的进场量，边用边进，减少散发面积，用完后清扫干净；为保持车辆每天表面清洁，车辆出场专用大门口设置车辆冲洗池和淋湿的块毯，车辆清理干净后不带尘土出现场。

在五棵松文化体育中心，浮土暴露区域全部用密目网覆盖，非施工占地区域进行绿化，办公区内种植花草和树木。文化体育及公共服务设施和临时棒球场土方、护坡施工期间，租用 4 台洒水车洒水降尘，每天约有 30 人进行场区内道路和大门处场区外社会道路清扫。施工现场的循环道路已基本全部硬化，对于基坑施工破坏的道路，将及时采取措施予以恢复。同时，施工现场设立垃圾站，及时分拣、回收、清运现场垃

圾，并派人对场区内的白色垃圾进行清理。

在顺义奥林匹克水上公园，洒水车增至 8 辆，对全部施工区进行不间断洒水；施工区设有 10 个喷头，喷洒面积达 200 m^2；在原先苫盖 30 万 m^2 的防尘密目网的基础上增加 20 万 m^2 的苫盖面积；架设挡风墙约 1 500 m；硬化、绿化面积约 2 700 m^2。随着场馆景观绿化工程的全面展开，顺义奥林匹克水上公园施工现场扬尘已得到彻底控制，实现工地裸露地面覆盖、路面硬化、车轮冲洗、洒水压尘和不开发土地绿化五个“百分百”。

国家体育馆施工场地采取循环水利用措施，该项目旨在将场地降水、雨水、冲车降尘水、工程试验水等非市政水源进行回收处理，再作为生产、消防、降尘、冲厕等用水循环利用于现场。经过经济效益和现场可施性等方面的可行性研究后，证实了该项目不仅大大节省了工地市政水源费用支出，而且取材方便、实施简便，具有极高的实用性和推广价值。假如北京市一半的建筑施工采用“施工场地循环水利用措施”，将会有 4 000 万 m^3 的节水量，同时节约资金达 1.6 亿元，既有利于实现“建设资源节约型社会”的目标，同时也响应了“绿色奥运”的倡导。

严格的施工监管，使一大批奥运工程成为全国示范样板工程，国家体育场、国家游泳中心、五棵松体育馆、奥运村、北京数字大厦、北辰西路北延等工程被陆续评为北京市“绿色施工优秀工地”。

第五节　奥运场馆室内空气质量控制

保证新建、改扩建奥运场馆室内空气质量达标是兑现“绿色奥运”承诺的重要组成部分。为确保奥运场馆及配套设施室内空气质量达到“绿色奥运”标准，2006 年，市政府成立了 2008 工程环保工作小组。2008 工程环保小组由北京市环保局牵头，北京奥组委、北京市“08 办”、北京市建委以及北京市质量技术监督局配合，在环保局下设专门的办公室

（以下简称环保办公室），专职进行奥运场馆室内空气质量保障工作。

经过近两年的努力，通过联合检查、月中抽查、建材抽样及室内空气抽样等措施，2008 工程环保工作小组对 38 个奥运场馆及相关设施进行了环境监控，使其完全处于受控状态。圆满地完成了任务，保障了在奥运期间所有奥运场馆及相关设施室内空气质量 100%达标，做到了室内空气质量零投诉。

一、工作内容及范围

2008 工程环保工作小组负责奥运场馆及相关设施环境质量检查及抽查、奥运场馆装修材料抽样检测及研究工作、奥运场馆室内空气监测及研究工作、实验室检测及研究工作、室内空气净化设备筛选工作。工作范围涉及 38 个奥运工程新建、改扩建比赛场馆、临建室内场馆及配套设施。具体包括新建场馆 12 个，改扩建场馆 11 个，临建场馆 8 个，配套设施 7 个。

二、奥运场馆及相关设施建材、室内环境监控工作

2008 工程环保工作小组在近两年的工作中，通过联合检查、月中抽查、建材抽样及室内空气抽样等措施，对 38 个奥运场馆及相关设施进行环境监控，使其完全处于受控状态，较好地完成了奥运场馆室内空气质量保障工作。

1. 奥运场馆及相关设施的检查

2008 奥运工程环保工作小组对奥运场馆及相关设施进行每月例行的联合检查以及月中抽查共 609 次，共计出动人员 2 108 人次。通过对现场的监督检查，第一时间获取建材采购、使用情况以及装修进度情况、室内环境改善情况等，对于违规现象及时提出并上报，同时为建材抽样、室内空气监测提供了第一手信息。

2006 年 11 月—2007 年 12 月，2008 奥运工程环保工作小组会同北

京市“2008”工程建设指挥部办公室、北京市建设委员会、北京市质量技术监督局、北京市消防局等八部门进行了每月例行的奥运场馆联合检查及常规监督检查工作。

根据京环函〔2006〕429号文件，重点检查室内装修材料部分的相关内业资料及室内装修材料的使用、计划使用情况。并根据市“2008”工程建设指挥部的要求，结合施工进度，检查现场的施工垃圾收集处理、污水处理及施工环境状况。

此外，除了每月一次的联合检查外，从2006年11月到2008年7月奥运前夕，2008奥运工程环保工作小组始终坚持对奥运场馆及相关设施的月中抽查，检查装修进度、装修材料使用情况以及室内空气改善情况等，随时掌握最新情况。

对于不合格的合同及检测报告均当场告知建设方，要求改正并在下次检查中进行复查，并及时上报了2008奥运工程环保工作办公室，使38个奥运场馆及相关设施完全处于受控状态。

2. 奥运场馆及相关设施建材抽样检测

2008奥运工程环保工作小组从2007年2月开始抽样，到2007年12月底建材抽样基本结束，共出动488人次，抽检样品共122个，样品种类涉及PVC卷材、胶粘剂、内墙涂料、人造板材、油漆等几大类（由于石材及墙地砖检测项目涉及放射性，因此由北京市环保局辐射中心全部承担）；检测指标主要为苯、甲苯、二甲苯、氯乙烯单体挥发物、甲醛、TVOC等（图2-3）。

检测项目共269项，其中250项符合奥运工程环保指南标准，合格率为92.9%。检测结果均已上报北京市环保局“2008办公室”，对于检测不合格建材，均已告知场馆建设方，建设方进行了撤场、更换处理。

（a）抽取细木工板

（b）抽取 PVC 卷材地板

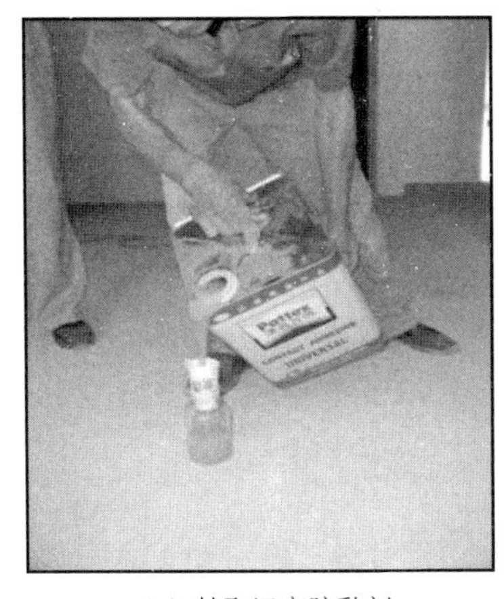

（c）抽取汉高胶黏剂

（d）抽取雅乐士内墙涂料

图 2-3　抽检样品

3. 奥运场馆及相关设施室内空气检测

自 2007 年 5 月抽测第一个场馆开始，截至 2008 年 7 月所有场馆全部封馆，2008 奥运工程环保工作小组对 38 个奥运场馆及相关设施中的 34 个涉及室内装修场馆的室内空气进行了抽测及复测工作，监测项目为苯、甲醛、氨、氡、TVOC 5 项。

室内空气抽测共出动 1 148 人次，监测房间共 1 045 间次，监测点位共 2 441 个，监测项目共 7 588 项，抽测总合格率为 91.18%。在工作过程中，对于所有初次抽测不合格的房间，2008 奥运工程环保工作小组在协调施工方或业主采取改善措施后均进行了复测，对于奥运村、媒体村等高度敏感场馆设施还进行了带家具抽测。抽测结果均上报北京市环保局“2008 办公室”（图 2-4）。

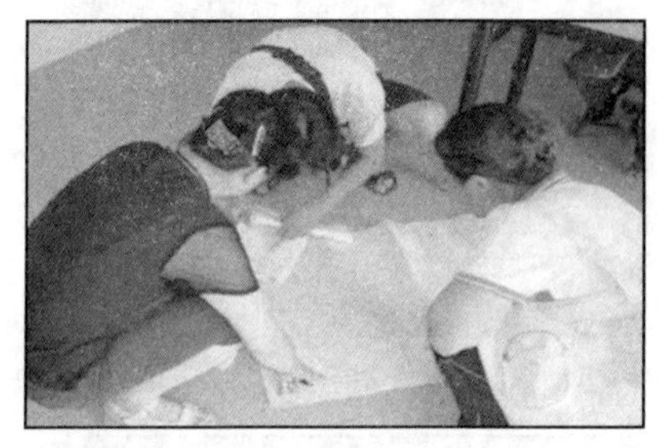

（a）确定室内监测方案

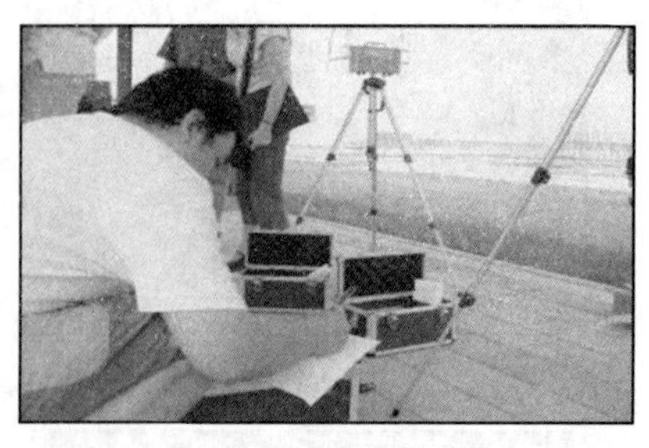

（b）空气本底值监测

（c）室内空气质量监测

图 2-4　室内空气抽测

三、实验室建设及检测工作

为确保奥运场馆和设施的室内环境质量，北京市环保局组织北京市环科院、北京市环境保护监测中心、北京市辐射环境管理中心等 5 家单位共同开展了奥运场馆及相关设施建材及室内环境监控项目工作。为获取抽样检测结果的第一手资料，北京市环科院组建了检测实验室。2007 年 9 月 17 日，实验室通过 CMA 资质认证，认证项目为：室内空气污染控制（甲醛、氨、苯、TVOC）。证书编号 2007010392R。

实验室对人造板及其制品、水性内墙涂料、水溶性胶粘剂进行环保检测，同时在此基础上进行建材污染物释放研究工作。检测样品数量共 979 个。

实验室对奥运场馆室内空气质量进行监测，监测项目为甲醛、氨、苯、TVOC，共监测房间 344 个，监测点位数量 1 020 个，监测项目数 3 929 个，通过大量监测数据对已竣工场馆室内环境质量变化趋势、污染物释放规律以及室内环境补救措施方法进行了研究。

四、室内空气净化设备筛选工作

北京市环保局组织室内空气污染控制专家及国家空调设备质量监督检验中心对室内空气净化设备精心筛选，共对 24 个厂家送检的 30 台（套）设备进行了甲醛净化效率测试，同时根据需要对部分设备风阻和臭氧进行了实验和检测。测试结果表明：24 家送检的 30 台（套）处理设备中，7 个厂家生产的 11 台（套）空气净化设备对甲醛具有较好的净化效果。这些净化设备在部分场馆中进行了使用，并取得了不错的净化效果。

第六节　奥运场馆节能环保亮点

奥运场馆建设工程充分体现了“科技奥运”和“绿色奥运”的原则，在建筑节能、水资源节约、新能源利用、绿色建筑、环境保护等方面成为节能环保建筑的典范。工程建设中共采用新型能源利用项目 69 项，包括光电、光热、地热、污水热能、风能等可再生能源的利用。实施环保项目 191 项，其中环境与生态保护 77 项，涵盖了噪声控制、园林绿化、环保设施、固体废物处理等方面；水资源利用及中水处理利用 11 项；绿色建材应用 46 项；环保技术及产品应用 57 项。场馆建筑节能全面落实，采用先进空气处理技术 61 项；绿色节能照明技术 48 项，节能建筑维护结构用了中水回用系统。奥运场馆全面进行垃圾无害化处理。

一、奥运工程节能

1. 太阳能光伏发电系统

国家体育场：非晶硅太阳能电池板与屋面融为一体，发电容量130 kW；国家体育馆：结合建筑南立面幕墙及部分屋顶，安装一套容量为100 kW的太阳能光伏发电并网发电系统，为地下车库提供白天照明和广场照明；五棵松文化体育中心：北侧东道入口和南侧环形车道的挡土墙出口上方安装一套100 kW的太阳能光伏发电并网发电系统；丰台垒球场：作为第一个完工的奥运会竞赛场馆，场馆在功能用房的南立面和西立面已经安装了容量为27 kW的太阳能光伏发电并网发电系统，为功能用房提供照明（图2-5）。

图2-5　丰台垒球场功能用房上安装的太阳能光伏发电系统

2. 太阳能光热系统

奥运村：采用世界先进的太阳能直流真空热管技术，在住宅屋顶安装6 000 m^2集热器，赛时全部住宅、配套会所及赛后幼儿园洗浴用热水将全部来源于太阳能。

北京大学体育馆：设计建设集热面积 300 m^2 的太阳能热水系统，用于游泳池水的加热。

北京射击馆：已经安装了面积大于31 m^2的太阳能集热器，能同时满足15～20人的洗浴需求。

北京奥运大厦：在屋顶安装了一套太阳能热水系统，规模为 10 t/d，能够满足每天 200 人次的洗浴需要，光热的转换效率可以达到 90%以上（图 2-6）。

图 2-6　北京奥运大厦屋顶太阳能热水系统集热器

3. 热泵技术

奥运村：采用清河污水处理厂的再生水作为冷热源的热泵项目，再生水水源热泵系统约为 40 万 m^2 的建筑提供冷/热，满足住宅全区夏季制冷和冬季供暖的需求。

国家体育馆：采用单井回灌水水源热泵技术，利用浅层地表水热能，通过热泵系统满足办公室生活用水和空调的制冷/制热需要。

媒体村：利用空气源热泵与太阳能热水系统共同为游泳池水加热，并提供游泳池洗浴热水，能效比达 2.5～4.0，远高于电阻式加热，能源利用率高。

北京大学体育馆：土壤热能利用，采用并联布置的垂直地下埋管技术，在一层媒体、后勤用房等约 3 000 m^2 设置两组土壤热源热泵系统，制冷量为 310 kW，制热量为 493 kW。

4. 节能照明控制系统

所有新建场馆和需要更换灯具的改扩建场馆都将采用绿色、节能、高效、长寿、环保的灯具。部分场馆还将采用 LED 照明灯具，一些场馆内的路灯、庭院灯和草坪灯将使用太阳能灯具（图 2-7）。

图 2-7　奥运村工地中的太阳能路灯、庭院灯及草坪灯

自行车馆和中国农业大学体育馆等新建及改扩建场馆采用多场景照明控制，对体育照明及其他室内场景、立面场景及景观场景照明等进行控制，达到国际先进水平。比赛大厅采用体育照明控制系统，室内其他公共空间及景观照明采用场景照明控制系统，控制覆盖范围达 80%。根据不同需求、不同时段及自然光环境设定多场景模式，节约电量可达到 30%。

5. 节能门窗和外围护结构保温

所有新建场馆都按照《奥运工程环保指南》和国家及北京市节能的要求，采用节能围护结构体系，形成很好的保温和蓄热特性。国家体育馆、奥运村、媒体村、五棵松篮球馆、网球中心等场馆外窗均采用双层中空 LOW—E 玻璃窗，可节省空调能耗，提高人体的热舒适性。

奥运村住宅建筑全部按北京市《居住建筑节能标准》（DBJ 01-602 —2004）进行建筑节能设计，并达到“奥运村奥运工程设计大纲”的要求。

森林公园、奥运村、网球中心、北京工业大学、北京射击馆、顺义水上公园等场馆的外窗还设置了可调节角度的外遮阳百叶，或利用建筑造型设置竖向遮阳系统，减少太阳辐射热，节省空调能耗并增加舒适性。

6. 智能绿化微灌技术

很多场馆室外绿地灌溉都采用夜间灌溉系统，减少蒸发量，节约用水，引用微灌技术，使用微灌喷头。喷灌采用雨水或中水，利用简易过滤、生物处理技术，设计中还考虑将其纳入楼控系统统一管理。

二、奥运工程节水

1. 中水利用

奥运会新建场馆都设计选用市政中水或自建中水站解决冲厕、绿化等用水需求，从根本上改变了原来全部使用市政自来水的情况，节约水资源。

奥林匹克中心区及场馆和相关设施的所有污水通过市政管线回到清河和北小河污水处理厂处理，处理后的中水再返回奥林匹克公园，用于冲厕、绿化、景观用水等，实现污水100%回收处理。

奥运村内还自建景观花房生物处理生活污水项目。景观花房生态污水处理技术，可以把景观绿化花房与污水处理这两个原来分别设立、功能独立的系统组合成一个整体，污水日处理量达到300 t，一定程度上解决了奥运村的污水处理，同时也是奥运村综合水资源利用的教育示范项目（图2-8）。

图2-8　奥运村景观花房

2. 雨洪利用

大部分新建场馆的室外硬质铺装区域采用透水砖，增强渗水能力，雨水可直接渗透入地下补充地下水。人行路及广场采用国内先进的透水材料。部分停车场采用透水植草砖，解决了停车场草坪生长不良的问题。

所有中心区新建场馆都根据雨水季节特点及水质特点，收集、处理、存贮部分屋面、道路雨水，处理后回用于水景或冷却塔补水。北京射击馆设置了雨水池收集部分屋面雨水，经沉砂处理，再作为部分中水水源，经过毛细管渗滤处理回用。

3. 节水设施

按照《指南》要求，所有新建场馆的坐便器冲洗都采用 6.0 L/3.0 L 两档式节水水箱，配两档冲洗按钮。控制每个用水点处有合适的水压，以便合理控制卫生洁具出流量，同时各集中用水点设置水表计量，做到用水有量。

国家游泳中心、国家体育馆、媒体村、中国农业大学体育馆等场馆的所有卫生间和淋浴间都安装红外控制、节水洁具、延时开关、无滴漏龙头；洗手盆、小便器、蹲便器均采用感应式冲洗阀，杜绝水资源的浪费。

三、奥运工程的绿化和生态设计

1. 奥运工程绿化总体情况

大部分新建场馆的绿化面积都已达到北京市规定的大于 30%的标准。其中，奥林匹克森林公园位于奥林匹克公园的最北端，奥运会赛时它被建成为北京市绿化面积最大的生态公园，规划绿化面积达到 617 hm^2。加上奥运中心区和奥运村的绿化面积，奥林匹克公园规划总体绿化面积达到 732 hm^2（图 2-9）。

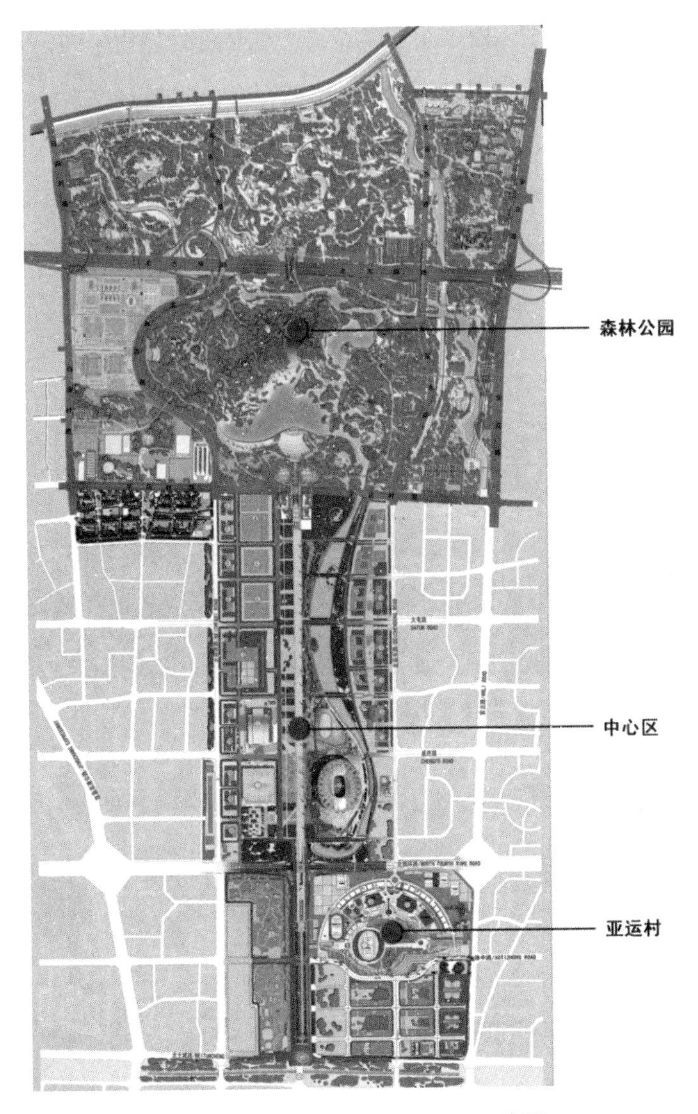

图 2-9　场馆绿化面积及绿化图

2. 奥林匹克森林公园的生态设计

各奥运会竞赛和非竞赛场馆在设计过程的各个阶段都考虑到了人文与生态的和谐统一。而其中，作为非竞赛场馆之一的奥林匹克森林公园，在此方面进行了更加深入的思考，其目标是将其建成充满自然野趣的环境和生态森林公园，而不是通常意义上的装饰性城市公园。

（1）生物多样性的生态设计

生物多样性的生态设计就是通过重建以乡土植物为主的原生群落，成为乡土植物的种源地，为各种乡土野生动物（尤其是鸟类）提供栖息地，实现城市生态系统向自然生态系统的过渡，保障北京市生态安全（图 2-10）。

图 2-10　奥林匹克公园俯瞰图

（2）声景规划

声景规划利用自然条件和人工手段隔绝噪声，创造宜人的声音环境。该项目在森林公园全园范围内应用，形成宜人的休憩空间。

（3）生态廊道

生态廊道将森林公园南北园跨五环路连接，实现了公园生态系统的连续性，将森林公园系统从岛屿式逐步过渡到网络式，为孤立的物种提供传播路径，保障生物多样性，保护物种及栖息地，维护城市生态绿地系统与格局的连续性，有利于城市生态安全（图 2-11）。

（4）湿地系统

湿地系统是将高效生态水处理系统埋入地下，结合地上覆土、种树及各种湿地植物，形成湿地景观；生态处理中水和循环水，确保湖水水质达到Ⅲ～Ⅳ类水体。森林公园中南园湿地系统的面积为 4.5 hm^2，北园湿地系统的面积为 1.4 hm^2（图 2-12）。

图 2-11　生态廊道

图 2-12　森林公园中的湿地

（5）人行路、广场及停车场

人行路及广场采用国内先进的透水材料，工程面积达到 144 105 m^2。停车场的工程面积为 99 035 m^2，选定了新型植草停车场技术，解决了停车场草坪生长不良的问题。

（6）地源热泵空调和供暖系统

地源热泵空调和供暖系统采用新型、高效、清洁、节能、环保的空调和供暖技术。该项目应用于森林公园内 43 个建筑，建筑面积为

59 976 m^2。

（7）可再生材料（木塑）

部分室外景观设施采用再生木塑材料。这一技术主要应用于森林公园内的建筑墙体、地面或木平台、木架、混凝土桥的木质装饰包面、木栈道、木平台栏杆等。使用可再生材料可以节省木材，使资源循环使用。

（8）太阳能光伏发电

森林公园的南主出入口，建立一个面积为 1 000 m^2、发电量为 65 kW 的太阳能光伏发电站。同时，在鳞波衔月景区设立一个 LED 景观平台，LED 景观平台以高效能、低消耗的 LED 照明技术解决景观需求（图 2-13）。

图 2-13　太阳能光伏发电站

除此以外，森林公园的业主和设计方在墙体、窗体节能，遮阳设施和雨水、污水收集回用设施等方面也进行了积极的设计和尝试。集节能环保、生态高科技为一体的现代化大“氧吧”为都市百姓提供了一个娱乐、休闲的舒适场所。

四、奥运工程环保材料的使用

按照《奥运工程环保指南》要求，所有场馆使用的建筑材料、装修材料及制成品均须选用节能环保型产品，符合国家标准和《奥运工程环保指南》相关技术指标并经检验合格后方可使用，以消除对室内外环境的污染。为此，北京市“2008”工程建设指挥部办公室、市环保局、市质量监督局、市建委还专门制定了文件，对装修材料的标准进行了明确，并且开展定期检查和把关。

临时看台尽量采用钢结构形式，少采用钢筋混凝土的方式，减少赛后产生的固体垃圾。除此以外，还有很多的环保可再生材料以及工业废渣也应用到了部分奥运项目中。奥林匹克中心区在地下车库、地下商业基础底板和建筑地面间回填首钢炼钢钢渣，同时提高建筑物自重。总应用体积约为4.58万m^3，钢渣容重为2.4 t/m^3。奥运村在建设过程中利用首钢公司3 000 t废弃钢渣做了2 km道路路基，国家体育馆地下结构的抗浮材料采用了4万t废钢渣。利用工业废钢渣节约了能源、实现了可持续发展。

经过奥运村建设者的选择比较，场区临时的雨污水的98个井盖采用由水泥玻璃纤维复合材料制作的环保型井盖，代替了原有的铸铁井盖。

森林公园、中心区及奥运村内的部分建筑墙体、地面或木平台、木架、混凝土桥木包面、木栈道、木平台栏杆等采用可再生的木塑材料。

（a）水泥玻璃纤维复合材料制作的环保型井盖

（b）可再生的木塑材料亭子

图 2-14　环保材料使用

五、场馆规划及生物多样性保护

在申奥阶段，北京奥申委（北京奥组委前身）就意识到场馆建设对环境的影响问题，力争将其对环境的负面影响降到最低。

对于如铁人三项和城市公路自行车等长距离比赛项目，要求竞赛路线及场馆的设计要避开水源保护区、自然保护区、野生动物保护区等环境敏感区。在选择具体场地时应符合城市规划，征求环保部门的意见，尽可能减少对现有绿地的占用，并采用多种技术手段和管理手段避免植被破坏，确保赛后生态恢复。

由于在选址过程中发现了国家二级保护动物大鲵的栖息地，北京奥组委将历史上在怀柔水库周边举办的铁人三项比赛改在十三陵水库及周边举办。为了保护 6 棵古白皮松树（最老的树龄达 100 多年），北京大学体育馆重新设计、向东整体挪移 6 m。

六、奥运工程碳和污染物减排

通过对部分奥运新建场馆节能措施（包括围护结构、采用热回收，选用水源热泵、太阳能等）的详细调查、统计，可计算出这些场馆的单体节能量，再将节能总量转化为标准煤的使用量，进而可计算出 CO_2 及其他大气污染物的减排量。这些奥运会场馆通过采用多种节能措施，CO_2 每年可减排约 47 595 t，NO_x 每年可减排约 88 t，SO_2 每年可减排约 92 t。

奥运会场馆在环保亮点工程方面的尝试和探索，一方面积极响应了中国政府的节能号召，另一方面也为这些场馆在赛后的运行方面节约了大量的开支，为北京奥运会留下一笔丰厚的“绿色遗产”。部分奥运新建场馆及相关工程的节能情况如表 2-10 所示。

表 2-10　部分奥运新建场馆及相关工程的节能情况

名称	改进围护结构节能量/（kW·h/a）	热回收节能量/（kW·h/a）	可再生能源的使用节能量/（kW·h/a）	合计/（kW·h/a）	节约标煤量（t/a）
国家体育馆	3.01×10^6	1.04×10^6	5.61×10^5	4.61×10^6	1 121.2
老山自行车馆	1.52×10^6	—	1.26×10^6	2.78×10^6	1 861.7
国家游泳中心	2.29×10^6	3.25×10^6	—	5.55×10^6	2 240.5
北京射击馆	1.30×10^6	—	1.37×10^6	2.68×10^6	1 081.3
奥林匹克公园网球中心	4.73×10^5	5.93×10^5	3.63×10^5	1.43×10^6	577.6
北京科技大学体育馆	6.67×10^5	2.65×10^5	2.53×10^6	3.46×10^6	1 397.3
北京大学体育馆	5.70×10^5	—	5.23×10^5	1.09×10^6	2 162.1
北京工业大学体育馆	9.40×10^5	4.24×10^5	3.99×10^5	5.35×10^6	441.7
奥运村	7.87×10^6	1.07×10^6	1.77×10^6	2.66×10^7	10 751.9
总计	1.86×10^7	6.64×10^6	8.78×10^6	5.36×10^7	21 635.3

第三章　筹备奥运　兑现环保承诺

2001 年 7 月 13 日，北京获得 2008 年第 29 届奥林匹克运动会主办权，申办奥运会获得成功。随即，市委市政府及相关委办局围绕“绿色奥运、科技奥运、人文奥运”三大申办主题，开展相关工作。2001—2007 年，在 7 年筹办 2008 年北京奥运会的过程中，北京市始终坚持“绿色奥运”的战略构想，将环境保护作为实现“新北京、新奥运”的重要内容，围绕着“北京环境质量持续改善，奥运会期间空气质量良好”等申奥环保承诺，以大气污染防治为重点，开展大规模的环境综合治理工作，7 年来分年度、分阶段连续实施大气污染防治措施，全力改善北京市环境质量，积极兑现“绿色奥运”环保承诺。经过不懈努力，在首都社会经济快速发展的同时，北京市的环保工作取得明显成效，环境基础设施建设和生态保护建设不断加快，城市环境质量稳步改善，保护环境、污染减排等理念逐步渗透到人们生产、生活和消费的各个领域，城市可持续发展的能力明显增强。

第一节　筹备奥运环保机构

2001 年 7 月 13 日，北京申办奥运成功之时，刘淇与国际奥委会签订了《举办城市合同》，合同规定承办城市须在半年内组建奥运筹备机构。

2001年12月13日，第29届奥运会组织委员会成立（以下简称北京奥组委）。第一批成立13个部门。2002年7月，根据工作进展情况，成立第二批部门，其中包括环境活动部。余小萱担任副部长，2005年1月—2006年7月，担任部长。环境活动部主要职责是负责制订2008年奥运会环境战略计划；负责建立环境管理体系；负责处理2008年奥运会环境保护方面有关工程、联络和宣传的事务；组织实施《绿色奥运行动计划》。在筹备和举办奥运会的过程中，北京奥组委全面贯彻和实施绿色奥运战略，确保奥运工程和奥运活动符合环境保护要求，最大限度地改善全市环境质量，提高全体市民的环境意识，以良好的环境质量和环境舆论氛围确保奥运会顺利举行。2003年，北京奥组委“环境活动部”下设办公室、宣传处、工程处3个处室，工作人员保持在13人、14人的规模。

2004年4月8日，市政府批准成立了北京市奥运场馆工程建设监督工作领导小组。在北京市奥运场馆工程建设监督工作领导小组的领导下，市环保局成立了奥运工程建设监督领导小组，组长为史捍民，副组长为庄志东、周新华、冯惠生，负责监督奥运工程环境保护工作。下设3个办公室：监督办公室、业务办公室、审计办公室。

2005年12月16日，市政府决定成立北京市“2008”环境建设指挥部（简称市“2008”环境建设指挥部），为市政府临时机构。市“2008”环境建设指挥部在市委、市政府的领导下，负责统一指挥、组织协调、督促落实全市城市环境景观、市政设施等建设和整治任务；在2008年奥运会期间，充实领导和工作力量，转为负责指挥、协调城市运行保障工作。市“2008”环境建设指挥部办公室为指挥部的办事机构，承担指挥部日常工作。

2006年11月20日，经国务院批准，北京市成立了北京2008年奥运空气质量保障协调小组。同年，经市政府批准，北京市“2008”工程建设指挥部发出《关于印发“2008”工程环保工作小组职责及工作方案的通知》，成立“2008”工程环保工作小组。由北京市环保局牵头、北京奥组委、北京市“08办”、北京市建委以及北京市质量技术监督局配合，在市环保局下设“2008”工程环保工作小组办公室，开展奥运场馆室内空气质量保障工作。

2006年，奥运工程基本建设、主体工程陆续完工，申奥时的环境保护123项承诺大部分已经完成，整个北京奥组委的工作重点开始转移，变为测试赛和赛时运行保障。同年6月，北京奥组委对部门进行重组，将环境部和工程部合并为工程和环境部，原环境活动部部长余小萱同志转任副部长，从原环境活动部抽调部分工作人员到组织赛事的场馆一线工作。原环境活动部的办公室和宣传处合并，改为综合处。原工程处转做场馆清废工作。

在2007年的春天，工程和环境部重点工作已从永久场馆建设转为临时场馆的建设。环境部一部分工作人员转到奥运村、水立方、国家体育场、国家体育馆和奥林匹克中心区做清废工作，另一部分工作人员继续承担环境保护宣传方面未完成的工作及环境管理体系运行需要做的工作。

从2007年开始，除了北京奥组委外，北京市政府和全市各个单位已开始向奥运会赛时模式转变，北京市相继成立了一些赛时保障部门。其中有交通与环境保障组，市环保局为成员单位，协调各单位做好环境监测及保障工作。

2008年5月30日，北京主赛区运行指挥部成立，内设11个机构。

第二节　奥运行动规划环保任务

2002年3月28日，由北京市人民政府和北京奥组委共同制定的《北京奥运行动规划》向社会公布。《北京奥运行动规划》由一个总体规划、九个专项规划组成。3月28日公布的是总体规划，专项规划包括生态环境建设、奥运场馆建设、科技奥运建设、文化环境建设等。

《北京奥运行动规划》是北京市筹办奥运会的指导性文件，带有战略性、方向性和目标性，包括总体战略构想、奥运比赛场馆及相关设施建设、生态环境和城市基础设施建设、社会环境建设、战略保障措施五个部分。

根据规划，北京市将达到四个战略目标，即承办一届历史上最出色的奥运会；促进全国以及首都的现代化建设；塑造首都改革创新和全方位开放的新形象；努力实现我国体育事业的全面发展。

在实施《北京奥运行动规划》过程中，北京市将实行“五个结合”的战略方针。第一，把举办奥运会与全国人民的广泛参与结合起来。让全国各地共享奥运机遇，促进各省市共同发展。第二，把举办奥运会与推进现代化建设结合起来。“以奥运促发展，以发展助奥运”。第三，把举办奥运会与扩大开放结合起来。全方位扩大对内对外开放。第四，把举办奥运会与推进精神文明建设结合起来。全面贯彻落实《公民道德建设实施纲要》。第五，把举办奥运会与提高人民生活质量结合起来。坚持“以人为本”，让筹备奥运会的过程成为提高人民物质文化生活水平的过程，成为社会进步的动力。

《北京奥运行动规划》中正式确定“新北京、新奥运”两大主题，“绿色奥运、科技奥运、人文奥运”三大理念。

绿色奥运。把环境保护作为奥运设施规划和建设的首要条件，制定严格的生态环境标准和系统的保障制度；广泛采用环保技术和手段，大规模多方位地推进环境治理、城乡绿化美化和环保产业发展；增强全社会的环保意识，鼓励公众自觉选择绿色消费，积极参与各项改善生态环境的活动，大幅度提高首都环境质量，建设生态城市。

科技奥运。紧密结合科技最新进展，集成全国科技创新成果，举办一届高科技含量的体育盛会；提高北京科技创新能力，推进高新技术成果的产业化和在人民生活中的广泛应用，使北京奥运会成为展示高新技术成果和创新实力的窗口。

人文奥运。普及奥林匹克精神，弘扬中华民族优秀文化，展现北京历史文化名城风貌和市民的良好精神风貌，推动中外文化的交流与融合，加深各国人民之间的了解、信任与友谊；突出“以人为本”，以运动员为中心，努力建设与奥运会相适应的自然、人文环境，提供优质服务；遵循奥林匹克宗旨，以举办奥运会为主线，开展丰富多彩的文化教育活动，丰富全体人民的精神文化生活、促进青少年的全面发展；以全国人民的广泛参与为基础，推进文化体育事业的繁荣发展，增强中华民族的凝聚力和自豪感。

《北京奥运行动规划》明确提出环境污染防治和生态环境建设的总目标：以防治大气污染和保护饮用水水源为重点，通过调整经济结构、增加优质清洁能源、严格污染物排放标准、强化生态保护与建设等措施，实现城市环境质量和生态状况的显著改善。到 2008 年，市区大气中二氧化硫、二氧化氮、臭氧指标达到世界卫生组织指导值的要求，颗粒物浓度达到发达国家大城市水平，满足承办奥运会的需要。

具体措施和目标如下：

1. 环境污染防治

以防治大气污染和保护饮用水水源为重点，通过调整经济结构、增加优质清洁能源、严格污染物排放标准、强化生态保护与建设等措施，实现城市环境质量和生态状况的显著改善。到 2008 年，市区大气中二氧化硫、二氧化氮、臭氧指标达到世界卫生组织指导值的要求，颗粒物浓度达到发达国家大城市水平，满足承办奥运会的需要。

防治煤烟型污染。优化城市能源结构，大力引进和发展天然气、电力等优质清洁能源；建设陕北天然气进京第二条长输管线及配套设施；改善电力供应结构，新增用电负荷主要依靠引进外部电源供应，加强城市中心区电网建设，改造农村电网，提高供电质量和可靠性；建设北京第三热电厂、高井电厂改用燃气项目，新建、扩建草桥等 8 座燃气热电厂，实现冷热电联供；积极开发利用地热能、太阳能、风能和生物质能等新能源，大力开展节能工作。到 2008 年，全市天然气年供应能力达到 50 亿 m^3；煤炭及焦炭在终端能源消费结构中所占比重降低到 20%以下；市区热力供热面积达到约 1 亿 m^2。

防治机动车排气污染物污染。2003 年起新车的污染物排放开始执行相当于欧洲 2 号的标准，2008 年之前，新车的污染物排放执行相当于欧洲 3 号的标准；严格执行车辆报废制度和检测制度，实行环保标志管理，加强环保与交通管理部门联合执法力度；在公交车和出租车中大力推广应用液化天然气等清洁燃料适用技术；积极推广电动汽车等新型汽车技术。

防治城市地区扬尘污染。所有施工工地必须强化扬尘污染控制，达到环保要求；2003 年 1 月起，凡在四环路内从事散装货物运输车辆，一律实行密闭运输；落实“门前三包”责任制和城市绿化的有关规定，2005 年基本消灭全市城市建成区裸露地面，市区主要车行道机械化清扫和洒水率达到 100%。

防治工业污染。实施污染物排放总量控制，削减各项工业污染物排放量，在重点企业全面推行清洁生产和 ISO 14000 环境管理体系认证；重点加强冶金、化工、电力、水泥等行业生产污染控制；加大市区企业搬迁调整力度，2008 年之前完成东南郊化工区和四环路内约 200 家污染企业的调整搬迁，首钢完成减产 200 万 t 钢和结构调整目标。

保护饮用水水源。加强与上游地区的协作，共同实现《21 世纪初期（2001—2005 年）首都水资源可持续利用规划》目标，实行严格的水源保护措施，保证密云、官厅水库上游来水和水库蓄水的水质，基本恢复官厅水库饮用水水源功能；结合调整经济结构、节约用水、农业污染防治、城市污水处理系统完善等工作，保护地下水饮用水水源。

防治水污染。建成卢沟桥、清河、小红门等污水处理厂，形成完善的城市污水处理系统，到 2008 年市区污水处理率达到 90%以上。实施市区城市水系和温榆河等主要河道的综合整治，加快建设主要河道污水截流管线，结合旧城改造对排水系统进行更新改造。

加强固体废物管理。促进工业固体废物、商业垃圾和居民生活垃圾减量化；推进城市生活垃圾分类收集、回收、处理工作；加快城市生活垃圾无害化处理设施建设和郊区城镇、村镇垃圾处理处置设施和消纳场所建设；建成高安屯垃圾焚烧厂、焦家坡垃圾填埋厂等工程。到 2005 年，市区和卫星城生活垃圾全部实现无害化处理；建立严格的危险废物管理制度，保证危险废物全部安全处理处置。

防治噪声、电磁辐射、放射性污染。加强城市交通、施工工地、社会生活噪声污染控制，道路规划设计中充分考虑交通噪声扰民问题，控制夜间进城的大型货车和农用机动车的行驶路段和速度；强化现有电磁辐射污染源和放射性源、放射性废物的申报登记和新建项目的审批工作；积极探索并加强光污染防治。到 2008 年，城市建成区噪声基本达到国家标准，电磁辐射和放射性环境继续符合国家标准。

大力推广应用环保新技术和新工艺。积极引进、开发和推广清洁燃烧、热泵、太阳能光伏发电、太阳能集热、燃料电池、纳米材料等技术；加强环境科研、监测能力建设；鼓励企业利用新技术对现有设备和工艺进行改造，降低产品单耗和污染物排放。

2. 生态环境建设

在防治环境污染、完善城市基础设施的基础上，以造林绿化、合理利用水资源、建设生态农业为重点，加快构筑良好的首都生态基础。到 2008 年，实现青山、碧水、绿地、蓝天和建成生态城市的目标。

建设首都绿色生态屏障。2007 年，全市林木覆盖率达到 50%，基本完成山区、平原地区、城市绿化隔离地区三道绿色生态屏障建设。到 2005 年，山区绿化完成 10 万 hm^2，以“五河十路”为重点的绿色通道建设完成 2.3 万 hm^2，城市绿化隔离地区完成 1.25 万 hm^2。

推进城市绿化美化。搞好城市干道、街巷和水系的绿化，高标准完成市区 255 条主要大街的绿化改造，广泛进行立体绿化；增加市区水面，营造水面景观；建设好市区中心大面积公共绿地（公园），建成 50 块 1 万 m^2 以上以乔木为主的大型绿地；完善郊区卫星城和 33 个中心镇绿化体系。2007 年，全市城市绿化覆盖率力争达到 45%。

防沙治沙，防治水土流失。2005 年之前基本消除本地沙尘危害，完成“三河两滩”五大风沙危害区（永定河、潮白河、大沙河、延庆康庄、昌平南口）的治理；2007 年基本完成潜在沙化土地的治理；积极配合国家有关部门开展首都生态圈建设和防沙治沙工作。

合理利用水资源。最大限度地保存地表和地下水库的清洁水源，最大限度地利用降水和再生水源；建设清河、吴家村、酒仙桥等 7 座中水处理厂，2008 年城市污水处理厂出水回用率达到 50%；开展居住小区和单位中水回用；完善开采地下水计划，重点控制工农业取用地下水的数量，逐步提高地下水水位；做好汛期雨洪的拦截及回灌工作，补充、涵养地下水源；提高公民水资源忧患意识，进一步理顺水价体系，积极应用节水技术和措施，推广使用节水器具，调动全社会节约用水的积极性和自觉性。

加强重点区域的生态保护和建设。保护密云水库、怀柔水库、官厅水库等重点生态功能保护区，防止生态破坏和生态功能退化；对水、土地、森林、草场、矿产、水产渔业、生物物种和旅游等重点资源开发区实施强制性保护；在地下水严重超采区和生态系统脆弱地区划定禁采区、禁垦区和禁伐区；重视保护现有湿地生态系统，在适宜地区建设人工湿地；加强自然保护区建设，重视生物多样性保护，保护自然生态系统、野生动植物和基因资源。

加强生态农业建设。抓好生态示范区和生态农业县的建设，发展高效型生态农业；调整农作物种植结构，采取新型农田耕作技术，控制化肥、农药施用量；制订完成畜禽养殖业搬迁调整和污染防治计划；发展有机食品，完善食用农产品安全生产体系。

全面整治城市环境。重点解决好群众反映强烈、影响城市形象的环境脏乱问题。加大执法力度，拆除各类违章建筑和临时建筑，加强户外广告管理。建设和完善全市城乡生活垃圾收容设施，实施架空线入地，搞好城市建筑物的美化工作，提高城市绿化美化水平。加快环境优美街道、社区建设。加强对城乡结合部环境的综合治理，使城乡结合部的环境状况和管理水平达到市区水平。

提升市民生态文明素养，倡导公众自觉选择绿色消费。在全社会倡导利于环境的消费习惯，提高市民环境意识，广泛开展绿色社区、绿色商店、绿色校园、绿色企业、绿色单位创建活动；提倡家庭和单位使用再生物品，安装节水、节能设备，实行垃圾分类收集，使用不破坏臭氧层的设备等；引导市民乘坐公共交通工具，要求公交和出租车司机经常保养车辆，确保车容整洁，排放达标。

2002—2008 年，北京市按照以上具体目标、措施要求，全面加强污染防治和生态环境建设。

根据《北京奥运行动规划》，筹备北京奥运会分为三个战略阶段。

前期准备阶段：2001 年 12 月—2003 年 6 月。制定并实施《奥运行动规划》；组建奥运会组织领导机构；全面落实奥运场馆、设施的前期工作和施工准备；环保设施、城市基础设施及一批文化、旅游设施开始建设；市场开发工作启动运行。

全面建设阶段：2003 年 7 月—2006 年 6 月。全面完成“十五”计划确定的各项任务；奥运场馆建设和其他相关设施建设全面展开。到 2006 年 6 月，基本完成奥运场馆及设施的工程建设；各项准备工作基本就绪。

完善运行阶段：2006 年 7 月—2008 年奥运会开幕。各项建设工作全面完成，全部场馆和设施达到奥运会要求；对所有建设项目和各项准备工作进行检查、调整、测试和试运行，确保正常使用；组织工作、安全保卫工作以及各项服务工作全部就绪。

第三节　奥运环保承诺清单

2003 年，国际奥委会专家西蒙·巴德斯通收集北京申奥时报送国际奥委会的所有文件和陈述稿，将涉及环境保护的内容整理出来，涵盖空气、水、绿化、垃圾处理、节能、清洁能源等共 123 项，形成北京申奥 123 项环保承诺清单。其中，79 条由北京市政府完成，44 条由北京奥组委完成（表 3-1）。此后每年，国际奥委会召开一次协调委员会，专题讨论承诺进度，直至北京完成所有的承诺。

表 3-1　123 项申奥环保承诺清单

序号	承诺内容
1	场馆选址、线路设计符合城市用地规划（10）
2	设备、线路避开水源保护区、自然保护区、野生动物保护区等环境敏感地区（10），以保护野生动植物，避免负面影响（Evaldoc）（File）
3	铁人三项线路避开受保护的动物大鲵的栖息地（Evaldoc）（File）
4	编制场馆设计和施工的环保指南（10）
5	降尘、降噪声措施/标准（10）
6	环保产品（Evaldoc）
7	先进技术（Evaldoc）
8	奥运会设施建设将采用符合环境变化和生态要求的材料和设备（File）
9	在施工指南中确立节能原则（10）
10	设计时考虑节能，自然采光和通风（10）（File）
11	新增 160 多个地热井（费用：1 亿美元）（File）
12	建成陕京二线天然气长输管线（Pres）
13	限制油烟排放（10）
14	地下天然气储量应对高峰需求期间的调控（Pres）
15	采取措施保护旅游资源和其他文化遗产（10）
16	建立新的水源保护区（Pres）
17	大大提高中水回用率（Pres）
18	污水回用率预计达到 40%～50%（Evaldoc），2008 年达到 50%（File）

序号	承诺内容
19	纸张回用（2000 年 2 月 5 t，2001 年 1 月每月 210 t）（Evaldoc）
20	新建垃圾处理厂（Evaldoc）
21	实施调整后的有关垃圾减量、回收和无害化处理的政策（Pres）
22	完成四环路建设（Pres）
23	修建五环路（第一条高速环路），缓解市中心交通压力（File）
24	采用高新技术，减少机动车排放，大幅度降低轻型车辆的排放（Evaldoc）
25	2004 年出台轿车、小卡车排放标准（Evaldoc）
26	尾气中污染物减少（氮氧化物、一氧化碳）（Evaldoc）
27	要求公交车和出租车驾驶员定期保养车（File）
28	减少扬尘污染（Evaldoc）
29	所有施工工地采取措施减少扬尘（File）
30	公共汽车和出租车使用气体燃料（File）
31	在每天的空气质量报告中播出 PM_{10} 含量标准（Evaldoc）
32	城市采用 11 项新的污染排放标准，严于国家标准（Evaldoc）
33	废纸回用（10）
34	2004 年北京现有的 ODS 实行替代（10）
35	奥申委选定绿色产品（Evaldoc）
36	建立环境管理体系（Evaldoc）（File）
37	提高处理和排放收费
38	采用经济激励手段，鼓励使用清洁燃料和可再生能源（Pres）
39	集资、投资环境项目（Pres）
40	制定市场导向的经济激励政策（File）
41	赛后奥运场馆的利用符合北京市发展总体规划（File）
42	2008 年以前完成环境改善总体计划中列的 20 个重大项目（File）
43	2007 年天然气用量将增加 5 倍（File）
44	更多使用清洁燃料（天然气、电、可再生能源）（Evaldoc）
45	标准化企业经营（Pres）
46	增加公交车使用（File）
47	关闭主要的焦化厂（Pres）
48	采用现代化交通管理技术（如 GPS 全球定位系统）减少车辆绕行和堵塞，减少污染物排放（10）（File）
49	制定北京 1998—2007 年可持续发展规划（Evaldoc）（File）

序号	承诺内容
50	对所有场馆实施 2 个阶段的环境影响评价：战略环境影响评价和详细环境影响分析，提出缓解措施（Evaldoc）
51	到 2007 年市区家用天然气总消费占比达 80%（Evaldoc）
52	到 2007 年城区所有燃烧设施都采用清洁燃料（Pres）
53	提高污水处理能力（Evaldoc）
54	2001—2007 年，增建 12 个污水处理厂，使日处理能力达到 268 万 t，90%的污水得到处理（Evaldoc）
55	到 2007 年建立 7 个城市污水处理厂（辅助污水管道），在偏远郊区建 6 个处理厂（Pres）
56	新厂运行以后，尽可能对水道进行全面清理（Evaldoc）
57	植树（纪念林）（File）
58	修建地铁 5 号线，八通线和城市轻轨（Pres）
59	大量锅炉改用天然气或者关停（Pres）
60	举办体育和环境国际研讨会（File）
61	保护奥林匹克公园内的历史文物，改善该区环境（10）
62	把施工影响降到最低（Evaldoc）
63	奥运会临时建筑和家具以及广告牌使用可再生或可回收材料制作（File）
64	严禁使用破坏臭氧层物质的设备（File）
65	降低温室气体的排放量（File）
66	辅助设施利用太阳能光伏发电技术（路灯、草坪灯、公共厕所照明、绿地灌溉）（10）
67	奥林匹克公园周围利用地热采暖/制冷（10）（File）
68	奥运村空调采用地下水（10）
69	用太阳能集热管技术提供洗浴热水（10）
70	扩展市区天然气供应网络（Evaldoc）（10）
71	建设热源厂，增加区域供热，加强冷热联供（Pres）
72	宾馆、饭店和商店安装节能设备（File）
73	建设中将贯彻节水节能原则，采用节水节能设备（10）
74	奥林匹克公园内回用中水和处理后的污水（10）
75	污水处理和回用率达到 100%（Evaldoc）
76	预计奥运会中心区和奥运村将产生 1.1 万 t 废水。其中 3 000 t 就地处理回用，剩下的 8 000 t 经污水厂处理后，重新流回奥林匹克公园做浇灌用（Evaldoc）

序号	承诺内容
77	达到国家和世界卫生组织对水质的要求（Evaldoc）
78	在比赛场馆和奥运村安装雨水收集和回用系统（File）
79	在宾馆、饭店和商店安装节水设备（File）
80	到2008年城市垃圾将全部进行安全处理，50%的固废进行分类收集，30%实现资源化（File）
81	城市产生的垃圾全部实现无害化处理或回收（Evaldoc）
82	奥运会期间所有固体废弃物进行分类收集，无害化处理（File）
83	场馆和有关商业、旅游设施内全部实行垃圾分类收集（10）
84	对纸张、塑料、铝进行分类收集（Evaldoc）
85	限制使用一次性用品（File）
86	尽可能限制使用不可再生的材料（10）
87	加强市政垃圾管理（Evaldoc）
88	奥林匹克公园建设760 hm^2的绿地（10）
89	所有场地和场馆绿化面积达到40%～50%（Evaldoc）（File）
90	选择适宜绿化品种，特别是本地物种（10）
91	优先考虑扩展公共交通系统（Evaldoc）（File）
92	加强地铁使用（Evaldoc）（File）
93	公交车和出租车使用清洁燃料（Evaldoc）；更多的公交车、出租车使用天然气（目前60%、40%）（Evaldoc）
94	奥运会期间优先考虑公共交通，持有比赛门票的观众免费乘车（Evaldoc）（File）
95	奥运村、奥运公园建设自行车道（10）（File）
96	奥林匹克公园/奥运村内采用零排放、低排放和低噪声车辆（10）（File）
97	严格管理施工工地的环境（Evaldoc）
98	北京西南角颗粒物PM_{10}含量高，需要搬迁一些工厂（Evaldoc）
99	增加对高能耗和燃煤多的工业的限制（Pres）
100	工业搬迁（Pres）
101	不同企业自己的发电厂改用天然气，或改用优质煤（Pres）
102	用可再生或可回收的材料制作设备器具等（10）
103	对所有建筑材料的加工过程进行环保评价（10）

序号	承诺内容
104	奥运会部分车辆使用燃料电池技术（10）
105	减少温室气体排放，奥林匹克公园举办的奥运活动实现净排放；餐饮排放的 CO_2、机动车排放的 NO_x 将由公园内的 760 hm^2 森林（绿化带和景观植物）所吸收（Evaldoc）
106	采用其他新型建筑材料技术，如“纳米”技术建筑涂料（10），纳米生产建筑材料，可增加抗菌、抗老化和分解有害气体的能力（File）
107	建设绿色校园、绿色大学（10）
108	开展公众参与活动，青少年、民间环保组织、“企业与环保”顾问委员会（Evaldoc）
109	开展 10 项市民参与的公众活动，宣传环境保护（File）
110	组建“企业与环保”顾问组（促进专家、意见交流，为赞助商提供额外的投资机会）（File）
111	组织世界青少年夏令营（File）
112	组织“绿色奥运”理念研讨会（File）
113	开展学校教育，例如使用再生纸、保护野生动物（File）
114	开展庭院绿化竞赛（File）
115	鼓励居民进行垃圾分类（File）
116	制定采购政策，鼓励设计者、施工单位、供应商、赞助商和特许经营商优先考虑环保因素，满足环保要求（Evaldoc）（File）
117	ISO 14001 认证、遵守国际、国内和地方的环保法律法规，通过深入审计和公共参与监督工作进展（File）（Evaldoc）
118	鼓励风电照明（Evaldoc）（10），奥运村和场馆中使用风力发电（File）
119	年度煤消费减少 1 000 万 t（Evaldoc）
120	推动废弃物综合利用技术（Pres）
121	降低 SO_2、NO_2、CO 和扬尘中的 PM_{10} 含量（Evaldoc），促进全年大气质量状况改善（File）
122	控制发电厂用煤（Pres）
123	奥林匹克公园内建立永久性的可持续发展教育中心（10）（Evaldoc）（File）

说明：列表中 File、Evaldoc、Pres、10 为资料来源，分别是 File：申奥报告；Evaldoc：陈述报告；Pres：陈述幻灯片；10：十大环保措施。

北京市政府利用筹备和举办奥运会的机会，促进城市的经济、社会和环境的协调发展，从 2001 年申办奥运会成功以来，举全市之力，积极落实各项申办承诺。截至 2006 年，奥运基本建设、主体工程已经陆续完工，申奥时的环境保护 123 项承诺大部分已经完成。

1998—2006 年北京市用于环境保护的总投资大约为 1 150 亿元人民币，提前完成了申办报告中 1 000 亿元人民币的计划。

发展天然气等清洁能源：用于改变能源结构，使天然气的年用量达到 40 亿～50 亿 m^3；在终端能源消费中，优质能源比重达到 78%。

燃煤锅炉改造：北京市区 4.4 万台茶炉和大灶，1.6 万台 20 t 以下燃煤锅炉已有约 1.5 万台改用清洁能源。

防治机动车污染：北京市执行不断严格的机动车排放标准，2002 年开始实施国家第二阶段（即欧Ⅱ）排放标准，2005 年开始实施国家第三阶段（即欧Ⅲ）排放标准。

治理和搬迁了 197 个污染严重、群众反映强烈的企业：北京炼焦化学厂等 141 家企业停产搬迁；首钢调整搬迁启动。

兴建了一批城市污水处理厂：2001—2006 年，在市区建成了 6 座污水处理厂，在郊区建成了 8 座污水处理厂。全市处理能力超过 291 万 t/d。城近郊区的污水处理率达到 90%。

建设三道绿色屏障，提前两年完成了 2008 年的绿化任务：截至 2006 年年底，北京市林地总面积为 1 581 万亩，林木覆盖率达到 51%，基本形成城市、平原、山区三道绿色生态屏障。

强化扬尘污染控制：加大工地监管力度；消灭城市裸露地面；加强道路清扫保洁；加强城乡结合部环境综合治理。

提高垃圾无害化处理率：新建一批垃圾处理厂，使 98%的城市生活垃圾得到无害化处理。

第四节　兑现绿色奥运承诺

一、奥运筹备期环境保护工作的重大决策

2001—2007 年，市委、市政府从宜居城市的功能定位出发，着眼于成功举办一届绿色奥运会，把环境保护放在经济社会发展全局中更加突出的战略位置，加强环境保护工作的研究部署。面对历史遗留的环境问题和城市快速发展带来的环境压力，围绕实现“绿色奥运”目标，实施一系列重大决策和部署。市政府组织制定实施了 8 个阶段（第 7 至第 14 阶段）控制大气污染措施和奥运空气质量保障措施。发布了《北京市“十一五”时期环境保护和生态建设规划》《北京市人民政府贯彻国务院关于落实科学发展观加强环境保护决定的意见》，明确了 2008 年、2010 年的环境改善目标和主要措施。将环境保护重点治理任务纳入市政府奥运倒排期折子工程，加强督查督办。从推动经济又好又快发展出发，大力开展污染减排工作，市政府批转了污染减排统计监测及考核办法。发布了《北京市突发环境事件应急预案》，加强环境应急管理和防范。市委、市政府的高度重视和正确决策，为环境保护工作的顺利开展和各项环境目标的完成提供了有力保障。

二、围绕颗粒物污染控制，强化大气污染治理工作

针对环境容量小、污染物不易扩散、颗粒物污染重的情况，北京市坚持不懈地治理大气污染，在燃煤污染、机动车污染、工业污染和扬尘污染等方面，实施了近 160 项控制措施。

（一）深入治理煤烟型污染

推动能源结构的改善，天然气供应量从 2000 年的 11 亿 m^3 增加到

2007年的47亿m^3，2007年清洁能源使用比重超过60%。开展燃煤设施治理改造，中心城区1.6万台20蒸吨以下的燃煤锅炉全部完成清洁能源改造治理，东城、西城区3.3万户平房居民采暖煤改电，2008年还完成5万户平房居民采暖改用清洁能源工程。四大燃煤电厂完成脱硫除尘脱硝治理，400多台20蒸吨以上的燃煤锅炉采取了脱硫除尘措施。

（二）加强机动车污染控制

不断严格新车排放标准，分别于2002年、2005年、2008年3月执行国Ⅱ、国Ⅲ、国Ⅳ机动车新车排放标准，平均比全国提前两年执行，并实施配套车用燃油标准，新车排放标准达到了欧洲现行标准。加大在用车治理力度，加快淘汰老旧高排放车辆，累计更新淘汰了约5万辆出租车、1万辆公交车。2008年6月底前，公交、出租、邮政行业黄标车基本完成淘汰治理，全市1 462座加油站、1 387辆油罐车和52座油库全部完成了油气回收治理。

（三）强化工业污染控制

推动经济结构和布局调整，加快淘汰高能耗、高排放、资源性的“两高一资”产业。2001年以来，调整搬迁了市区144家污染企业，关停了郊区所有水泥立窑、砂石料场和黏土砖厂。特别是北京炼焦化学厂等东南郊地区的一批化工企业停产，首钢压产400万t，华电北京热电有限公司（二热）燃重油发电机组和北京京丰热电有限公司（三热）燃煤发电机组等停产，减少了大量工业大气污染物的排放。

（四）加大扬尘控制力度

针对城市建设规模大、扬尘污染突出等问题，制定了施工工地环保标准和“5个100%”要求，规定围挡、覆盖、路面硬化、洒水压尘等措施，并加强执法监管。推行道路机扫、吸尘、保洁一体化作业，提高道路保洁水平。推广保护性耕作、生物覆盖，开展秸秆禁烧检查，控制农业大气污染。

三、认真贯彻国家要求，扎实推进污染减排工作

“十一五”以来，按照国务院节能减排的工作部署，北京市制订了主要污染物减排五年计划和年度计划，采取调整产业结构、建设治污工程、加强环境监督管理等措施，推进污染减排，推动首都初步实现清洁发展。

（一）层层落实污染减排责任

2006年，制定并经市政府批准发布了《北京市“十一五”期间主要污染物总量控制计划》，将减排指标分解到各区县和各有关部门，并签订了减排责任书。2007年起，连续2年制订印发了以污染减排为核心的全市年度环境保护计划，将年度减排任务分解到各区县、各有关部门。各区县将减排任务落实到街乡。市监察、督查等部门开展污染减排工作督查督办，确保责任落实。

（二）多措并举削减污染排放

在产业结构方面，“以退促降”，配合有关部门设置退出标准和目录，加快退出铸造、化工、水泥、造纸、印染等“高污染、高耗能、高水耗”企业。在工程治理方面，加快实施远郊区县城关镇分散燃煤锅炉集中供热整合、城乡结合部地区取消原煤散烧等，推动城镇污水处理厂、工业园区污水集中处理设施、再生水厂等建设。在监督管理方面，严格执行“环境影响评价”和“三同时”制度，对不符合环保要求的工业开发区实施“区域限批”，控制污染增量；加强污染源排放的在线监控，建立污染物排放、总量减排措施等管理台账，强化污染减排的定期调度、动态监管和重点督查工作。

（三）综合治理改善出境断面水质

为确保拒马河的张坊、北运河的榆林庄、蓟运河的东店 3 个出境断面水质达到国家考核要求，对流域内 9 个相关区县 33 个跨界断面河流水质实行考核，采取加快沿岸工业企业污染治理、推进污水截流、加大中水回用等措施，改善水质。目前，除拒马河张坊断面无水外，北运河榆林庄断面和蓟运河东店断面的水质，均达到了国家 2008 年考核目标要求。

四、加强水污染防治，推进生态保护建设

（一）严格保护饮用水水源，加强水环境监管

认真执行《两库一渠水源保护条例》《城市自来水厂地下水源保护管理办法》，取缔水库网箱养鱼，推动保护区内村庄污水垃圾的整治和清洁小流域的建设，对威胁地表水水源的危险化学品公路运输安全隐患加强排查，整治地下水水源保护区内加油站、油库的环境污染隐患，开展饮用水水源地执法检查，支持上游地区开展节水和水污染治理，保证了饮用水水源安全。同时，加强河湖水质监管和汛期水环境监管，建立河湖水质巡查制度，及时发现、处理“水华”现象。发布了地表水环境质量月报。

（二）以生态创建为载体，扎实推进农村环保工作

2008 年 6 月，北京市联合有关部门发布了进一步加强农村环境保护工作的意见，提出全市农村环境保护的重点工作和措施。2008 年 8 月，密云县和延庆县被命名为国家级生态县。同时还累计建成 6 个国家生态示范区、43 个国家环境优美乡镇、87 个市级环境优美乡镇和 560 个市级文明生态村，农村人居环境明显改善。开展了 60 个农业面源污染控制示范区建设，减少农药和化肥使用量。对 380 多家规模化畜禽养殖场

进行粪污治理，养殖业污染得到初步控制。开展了土壤污染调查。加强自然保护区建设管理，全市各类自然保护区数量占全市国土面积的比例分别由2000年的17个、占比5.27%增加到2007年的20个、占比8.3%。

五、坚持以人为本，着力解决影响群众健康和环境安全的问题

按照构建和谐社会首善之区的要求，着眼于群众的环境需求，认真解决群众最关心、最直接、最现实的环境问题，维护群众环境权益。

（一）深入开展整治违法排污企业保障群众健康环保专项行动

按照国务院有关部门部署，2003年以来，连续6年在全市开展了整治违法排污企业保障群众健康环保专项行动。围绕大气污染、噪声污染、水污染、群众反复投诉的污染问题等，联合发改、工商等部门集中力量、集中时间、集中手段，严厉打击环境违法行为，累计查处了1 400多件环境违法案件，挂牌督办解决了340多件群众反映强烈、影响群众健康的环境问题。同时，妥善处置了100多起因各种情况引起的环境突发事件。

（二）认真解决噪声扰民现象

针对群众反映强烈的交通噪声污染问题，组织采取安装隔声设施、铺设低噪声路面、轨道交通地下穿行等措施，治理了四环路、五环路、莲石路（石景山段）、朝阳北路等路段噪声污染，完成了受机场噪声影响的3个村居民搬迁安置工作。为进一步加强噪声环境管理，市政府于2006年修订发布了《北京市环境噪声污染防治办法》，对夜间施工许可，实行机动车禁鸣、限制列车鸣笛，严格室内装修作业时间等，做出明确规定。联合建设、公安、城管执法等部门加强对施工噪声、社会生活噪

声污染的执法检查，每年开展中高考期间噪声污染专项整治，创造安静的考试环境。

（三）严格危险废物管理

实行申报登记、转移联单等制度，对危险废物产生、贮存、运输和处置等进行全过程监管。按照市政府 2005 年批准的《北京市危险废物处置设施建设规划》，加快集中处置设施建设，朝阳高安屯医疗废物焚烧厂建成投用；北京水泥厂利用水泥窑焚烧处理危险废物设施不断完善；2008 年 6 月，集焚烧、填埋和综合利用于一体的北京市危险废物集中处置中心建成，年处理能力 5.7 万 t；全市工业危险废物和医疗废物基本得到安全处置。启动了城市污染土壤治理工作，制定了工业企业原厂区《场地环境评价导则》，对东南郊、宋家庄等地约 30 家工业企业原厂区被污染的土壤进行风险评价、生态修复。加强对生活垃圾填埋场的监测、监管。

（四）加强辐射安全监管

一是完善监管体制。按照国务院《放射性同位素与射线装置安全和防护条例》，加强放射性污染防治的统一监管。完成了同卫生、公安等部门的工作交接，建立完善了市级辐射环境监管机制，构建了行政许可、技术支持、执法监管、处置应急的“四位一体”的工作体系，并推动区县辐射安全监管机构、体系的建设。二是开展“清查放射源、让百姓放心”专项行动，摸清放射源和射线装置底数。实行申报登记，严格安全许可证管理，实现动态监控。三是重点整治移动 γ 探伤机等高危辐射源。四是加强放射性废物、废旧放射源的收贮。建成了城市放射性废物库，完成了平谷放射性废物库的退役工作，全市废旧放射源和放射性废物得到及时、安全收贮。五是妥善处置了防化九团镭污染土壤等历史遗留的污染问题，消除了隐患。

（五）加强环境信访工作

近年来，随着民众环保意识的增强，环保部门受理的环境投诉平均每年增加20%以上。为及时处理群众对环境的投诉，成立了12369环保热线举报中心，建立了网上投诉、网上交办、网上回复、网上督办考核机制、评议整改以及领导包案制度，并会同有关部门建立了联合执法机制和案件移送制度，提高了受理查办的效率和水平。2008年上半年，全市环保系统共受理了1.2万件群众环境投诉事项，到期应办结的全部按期办结，办结率100%。

六、运用综合手段解决环境问题，着力提高环境保护管理水平

按照实现“三个转变”的要求，健全政策法规，加强科研监测，动员公众参与，提高综合运用法律、经济、技术和行政手段解决环境问题的能力。

（一）强化法制建设

根据污染防治的需要，修订、制定实施了《北京市实施〈中华人民共和国水污染防治法〉办法》《北京市环境噪声污染防治办法》，确定了一些符合实际、经实践证明确有成效的措施的法律地位。特别是针对大气污染突出的情况，本着严格控制排放的原则，发布实施了18项地方环境标准，部分污染物排放限值达到国际先进水平。

（二）加大财政支持

通过制定实施财政补贴、贴息贷款等政策，推动了燃煤设施清洁能源改造、老旧高排放车辆提前淘汰更新、油气回收治理等；实行低谷优惠电价政策，促进了平房小煤炉“电采暖”改造。加大投入，2001—2007年，用于污染治理、环境基础设施建设等方面的资金累计达到1 222亿

元，占同期 GDP 的 2.82%，其中市财政投入占 35%。

（三）依靠科技进步

针对环境污染防治中的重点、难点问题，组织开展了“北京市空气质量达标战略研究”“北京与周边地区大气污染物输送、转化及北京市空气质量目标研究”等多项重大课题研究，研究成果为制定环境污染防治目标和对策措施提供了有力支撑。运用国内外先进监测技术，不断提高环境监测的自动化、信息化水平，增强环境管理的科学性。建成了大气、地表水、噪声和辐射环境质量自动监测系统，全面实现了对环境质量的自动监测。对 90%的 20 蒸吨以上燃煤锅炉、60%的大型工业窑炉等进行在线监控，提高了污染源监管水平。对全市 40 多个机动车检测场的 200 多条简易工况检测线实行联网在线监控，并购置 22 辆激光遥测车，快速检测机动车尾气排放。同时，建成了集成环境质量数据、重点污染源排放数据的环境监控中心，并于 2008 年 6 月向社会开放。

（四）加强国际合作

与国际大城市、国际环保机构开展合作交流，积极引进先进技术和管理经验，推动环保工作。特别是和意大利环境、领土与海洋部开展了 26 个项目的合作，包括污染治理、能力建设和“绿色奥运”项目等。

（五）开展宣传教育

围绕大气污染防治重点和“绿色奥运”理念，开展多种形式的宣传教育活动。特别是 2007 年以来，通过组织采访活动、新闻发布会、“绿色奥运之路”展览等，积极对外宣传北京市环保工作成绩，使国际社会对北京市环境保护有更加客观的认识、评价。深入开展“少开一天车”、有奖举报、建言献策等活动，进一步推动公众参与。

2008 年 7 月 1 日以来，参加了 15 次奥运新闻发布会，接待了 118

批次中外记者采访，大规模、高质量地宣传奥运空气质量，为奥运环保工作的开展营造了良好的舆论氛围。

七、奥运筹备期环保工作取得的主要成效

2001—2007年，北京市大气环境质量连年改善，申奥空气质量承诺全部兑现。2007年与2000年相比，空气质量二级和好于二级天数由48.4%增加到67.4%，提高了19个百分点，大气中的二氧化硫、一氧化碳、二氧化氮和可吸入颗粒物等浓度分别下降了33.8%、25.9%、7%和8.6%。

水环境质量稳步改善，饮用水水源一直保持清洁。河流和湖泊水质达标率分别由2000年的41.6%和59.5%增加到2007年的51%和79%。水库水质达标率由2000年的66.1%提高到2007年的88.5%，其中，密云、怀柔水库等主要饮用水水源地水质一直符合国家要求。奥运会期间，十三陵水库、奥林匹克水上公园等奥运场馆重点水域的水质，符合国际奥委会有关水上项目比赛场所的水质要求，奥林匹克森林公园景观水域水质符合景观用水要求。

声环境质量保持稳定，放射性和电磁辐射环境质量处在正常水平，生态环境质量级别保持为良。

污染物排放总量连续下降，污染减排工作走在全国前列。2007年，全市化学需氧量排放量为10.65万t，比2000年下降了40.3%；二氧化硫排放量为15.17万t，比2000年下降了32.2%，并提前完成国家下达的“十一五”二氧化硫减排任务。

2007年10月27日，第七届世界体育与环境大会在北京闭幕。会议充分肯定了北京奥运会的环保工作，并通过了《关于体育与环境的北京宣言》，宣言肯定了北京申奥时的环境计划已经基本实现；随着奥运会筹备的进行，北京环境质量逐年改善；随着奥林匹克运动的普及，公众的环境保护意识显著提高；北京可以保证奥运会所需的基本环境质量；认为北京奥运会将留下环保方面的宝贵“遗产”。

第四章 举办奥运 环境保障

2008 年 5 月，经中央批准，“北京奥运会残奥会运行指挥部”成立，下设 11 个工作机构，其中，交通与环境保障组全面负责奥运会残奥会期间的环境、交通保障任务。北京奥组委与北京市各部门充分融合，落实“双进入”体制，全面保障北京奥运会、残奥会的成功举行。2008 年 6 月，市环保局、市环委会成员单位、北京奥组委工程与环境部、各区县政府和北京经济技术开发区管委会等单位组成环保工作组，环保工作组下设大气环境监测与预报、大气环境监管、水环境监管、声环境监管、辐射环境监管和反恐应急、危险废物监管、环境突发事件处置、环保宣传、效能监察、综合协调共 10 个工作团队。环保工作组对奥运会、残奥会期间北京市空气质量、水环境、声环境开展保障工作，同时对全市固体废物、辐射环境进行安全监管。

第一节 奥运赛时组织机构“双进入”

一、组织机构“双进入”

2008 年年初，中央成立北京奥运会、残奥会筹办工作领导小组，并确定北京奥组委执行机构与北京市党政机关融合运行。经中央批准，2008 年 5 月 26 日，“北京奥运会残奥会运行指挥部”成立，下设 11 个工作机构。其中，交通与环境保障组全面负责奥运会残奥会期间的环境、交通保障任务。交通与环境保障组下设交通运行中心、环保工作组、环境工作组、水务工作组、人工影响天气工作组、园林绿化工作组和值班室共 7 个工作组。2008 年 6 月 12 日，市环保局下发《北京奥运会残奥会“战时”环保运行工作方案》。由市环保局、市环委会成员单位、北京奥组委工程与环境部、各区县政府和北京经济技术开发区管委会等单位组成环保工作组，受北京奥运会残奥会运行指挥部交通与环境保障组的领导，负责全市奥运环保工作的组织、协调、运行。环保工作组由市环保局局长史捍民任组长，市环保局领导杜少中、郑江、庄志东、周新华、冯惠生、陈添、周扬胜任执行组长。

环保工作组下设大气环境监测与预报、大气环境监管、水环境监管、声环境监管、辐射环境监管和反恐应急、危险废物监管、环境突发事件处置、环保宣传、效能监察、综合协调共 10 个工作团队。10 个工作团队打破单位界限，充分整合了环保局系统的资源和力量，各团队主任由环保工作组执行组长兼任，和交通与环境保障组的日常联络由市环保局办公室承担（图 4-1）。

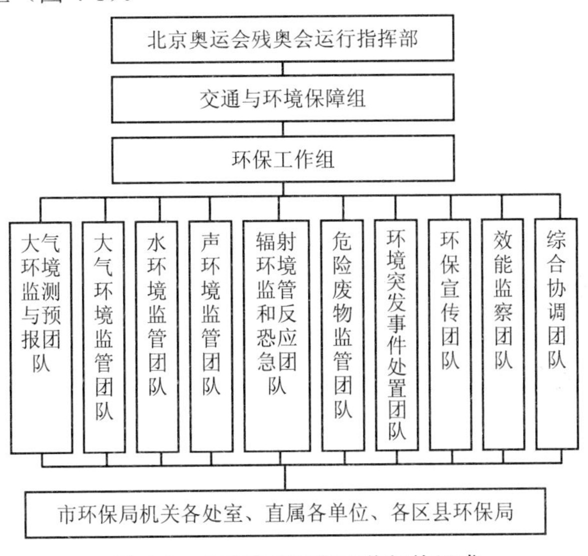

图 4-1　北京奥运环保工作机构组成

同时，市环保局和北京奥组委工程与环境部的工作职责进行了调整，市环保局宣教处承担对外奥运环保宣传职能，北京奥组委环境管理处负责与国际奥委会联络，实现奥运赛时组织机构“双进入”，职能全面融合。

各区县环保局在本区县党委政府奥运工作机构下，均成立了相应的奥运环保工作机构，在本区县党委政府领导和市环保局指导下开展奥运环保工作。

2008年7月26日，市环保局召开区县环保局长会议，动员全市环保系统干部职工以奥运空气质量保障为重点，团结一致、齐心协力，发扬知难而进、迎难而上、扎实工作的环保精神，圆满完成奥运环境保障各项任务。8月1日，市环保局隆重举行奥运环境保障工作誓师大会，为决战奥运环保进行再动员。在誓师大会上，10个工作团队的代表进行了誓师发言。全场共唱《歌唱祖国》，并集体签名誓师。同一天，市环保监察队、市机动车排放管理中心、环境突发事件应急办公室等全市环保监察队举行庄严的统一制式服装着装仪式。

在奥运会筹备阶段和奥运会举办期间，以大气污染防治工作为重点，组织进行大气污染源监管，组织实施奥运期间临时限停减排措施，进行大气环境质量监测、预报。同时组织进行水环境、声环境、辐射环境和危险废物监管，参与环境安全应急保障和反恐工作，为赛时运行和保障提供环保支持。

二、环保工作团队组成及职责

（一）大气环境监测与预报团队

主任：市环保局总工程师陈添。

副主任：相关单位主要负责人。

组成单位：市环保局大气环境管理处、科技和国际合作处、北京奥组委工程与环境部环境管理处、市环保监测中心、市环科院。

职责：负责赛时每日空气质量监测、预报，并提供数据；与国际奥委会、各单项体育组织、非政府组织有关环保方面沟通联络；与国家环保部及周边五省市有关奥运空气质量保障方面沟通联络；与各区县政府及市有关部门空气质量保障方面沟通联络。

（二）大气环境监管团队

分大气流动源监管和大气固定源监管两个团队。

1. 大气流动源监管团队

主任：市环保局副局长杜少中。

副主任：相关单位主要负责人。

组成单位：市环保局机动车排放管理处、市机动车排放管理中心。

职责：负责督促检查奥运会残奥会期间机动车限行措施落实到位。

2. 大气固定源监管团队

主任：市环保局副局长郑江。

副主任：相关单位主要负责人。

组成单位：市环保局污染源管理处、市环保监察队、市环保监测中心。

职责：负责奥运会残奥会期间重点污染企业停限产、燃煤设施污染减排、有机废气污染控制等临时限停减排措施落实到位。

（三）水环境监管团队

主任：市环保局副局长庄志东、市环保局副巡视员李晓华。

副主任：相关单位主要负责人。

组成单位：市环保局水和生态环境管理处、市环保监测中心、市环保监察队、市环科院。

职责：负责加大水质监测和巡查力度，监测奥运水域水环境质量；加强对集中饮用水水源地的监控，监测饮用水水源地水质；加强对重点景观水域的水质巡查，监督恶臭和“水华”等现象；做好全市水环境质量的常规监测，及时提供监测数据和分析报告。

（四）声环境监管团队

主任：市环保局副局长周扬胜。

副主任：相关单位主要负责人。

组成单位：市环保局噪声管理处、市环保监测中心、市环保监察队。

职责：负责做好全市声环境质量的常规监测，及时报送数据和评估分析报告；加大噪声扰民问题的查处力度，建立各类噪声控制联合检查查处机制。

（五）辐射环境监管和反恐应急团队

主任：市环保局副局长庄志东。

副主任：相关单位主要负责人。

组成单位：市环保局辐射安全管理处、市辐射安全技术中心、市环保监察队、市城市放射性废物管理中心。

职责：负责加强奥运场馆和重点污染源周边辐射环境监测；完善应急体制和工作机制，做好辐射事故、反恐应急处置和奥运赛时值班备勤工作。

（六）危险废物监管团队

主任：市环保局副局长郑江。

副主任：相关单位主要负责人。

组成单位：市环保局固体废物管理办公室、市固体废物管理中心、市环保监测中心、市环保监察队。

职责：负责加强危险废物重点源单位的管理，组织各单位制定完善危险废物应急预案，消除各类环境安全隐患；负责加强危险废物处置许可证单位的管理，制订奥运期间危险废物收集运输方案，确保奥运场馆等重要地区医疗废物及时收集、运输和处置。

（七）环境突发事件处置团队

主任：市环保局副局长郑江。

副主任：相关单位主要负责人。

组成单位：市环保局环境突发事件应急办公室、市环保监测中心。

职责：负责加强奥运期间的应急值守工作，确保反应及时、应对高效；妥善处置突发性污染事故，加强应急监测。

（八）环保宣传团队

主任：市环保局副局长杜少中。

副主任：相关单位主要负责人。

组成单位：市环保局宣传处、市环保宣教中心、市环境信息中心。

职责：以大气环境质量改善为重点，对全市环境质量改善工作进行宣传；发布常规空气质量监测日报和预报，根据需要举行新闻发布会；利用多种形式开展“绿色奥运”等相关宣传。

（九）效能监察团队

主任：驻市环保局纪检组组长周新华。

副主任：相关单位主要负责人。

组成单位：市环保局监察处。

职责：负责对市环保局主管领导、机关各处室和直属各单位环境保障工作的全过程进行效能监察，考核其工作执行和各项指标的完成情况。

（十）综合协调团队

主任：市环保局副局长冯惠生。

副主任：相关单位主要负责人。

组成单位：市环保局办公室、市环境信息中心、市环保投诉举报电话咨询中心、市环保局后勤服务部。

职责：负责和交通与环境保障组日常联络等各项事宜；负责奥运环境保障工作有关协调、督查、信息保障及后勤服务等相关工作。

三、环保工作组运行机制

（一）实体化办公

环保工作组相关领导视工作需要到奥运大厦办公。市环保局相关处室和北京奥组委环境管理处合署在奥运大厦办公，做到机构融合、人员融合、办公地点融合。

（二）会议制度

环保工作组办公会议每周召开一次，研究环境监测、污染控制、措施实施等环境保护工作，督促各团队和相关单位按照会议要求开展工作。专题会议不定期召开。按要求准时参加交通与环境保障组和运行指挥部召开的会议。

（三）请示报告制度

环保工作组下属各团队凡涉及奥运环保运行相关事宜的，须请示报告环保工作组，按要求开展相关工作。环保工作组工作进展情况报告交通与环境保障组，重要事项向交通与环境保障组请示。

（四）协调工作制度

根据奥运期间空气质量状况，环保工作组及时与国际奥委会、环境保护部、周边五省区市及北京市各区县、各部门协调和沟通。

（五）信息报告制度

环保工作组按照交通与环境保障组的要求，及时上报相关工作信息，发生重大突发、紧急事件时随时报告。环保工作组及时将当日空气质量监测结果和环境空气质量预报向交通与环境保障组领导和国际奥委会报告，同时向社会发布相关空气质量信息。

（六）公文流转制度

各团队和相关单位凡涉及奥运环境质量保障、环境监测评估、与国际奥委会协调及与奥运环保宣传有关的问题，行文报环保工作组，重大事项由环保工作组报交通与环境保障组领导决定。

第二节　空气质量保障

一、保障措施的制订印发

（一）第29届奥运会北京空气质量保障措施

2007年，北京市人民政府与国家环保总局牵头，联合天津、河北、山西、内蒙古、山东等省区市及有关部门，共同制定了《第29届奥运会北京空气质量保障措施》（以下简称《保障措施》）。2007年9月9日，国务院批准；2007年10月，五省区市共同印发。

《保障措施》分为六省区市奥运会前综合治理措施和奥运会及残奥

会期间临时减排措施两部分。《保障措施》中的大气污染防治措施有：

在控制扬尘污染方面。主要从减少施工工地扬尘和控制道路扬尘两个方面采取措施，以有效减少可吸入颗粒物污染。主要措施有停止施工工地的土石方工程、混凝土振捣及搅拌、结构浇注、渣土运输等引起大量扬尘的作业。全市露天堆放的土堆、煤堆、渣堆和灰堆等全部密闭或覆盖。对全市主要道路进行吸扫及冲刷，重点保证涉及奥运的314条道路和奥运场馆等重点区域周边1 km内所有道路。

在控制机动车污染方面。主要措施是倡导“绿色出行”和限制机动车行驶，特别是黄标车的行驶；市属行政机关、企事业单位、社会团体用车停驶70%，中央机关和驻京部队机动车停驶50%；禁止外埠无绿色环保标志机动车和摩托车、拖拉机及危险物品运输车进入本市道路行驶，引导外埠过境机动车辆绕行112国道等。

在控制工业污染方面。主要是对冶金、水泥、石油化工等高污染排放工业企业采取限制污染排放等措施，减少颗粒物、挥发性有机物、二氧化硫和氮氧化物等排放。主要措施有：首钢总公司要在2007年年底前停产二号高炉、四号高炉、1座焦炉、3个炼钢厂和6台烧结机，在完成压缩400万t钢铁生产能力基础上，奥运会期间要最大限度降低焦炉烧结生产负荷、减少污染排放。燕山石化公司要采取暂停部分生产装置等措施，减少30%污染排放。东方石化公司东方化工厂暂停生产。燕山水泥厂等27家水泥生产企业（含10家粉磨站）、142家混凝土搅拌站以及位于西南地区的采石和石灰生产企业原则上暂停生产。红冶钢厂、北新建材等18家冶金、建材重点污染企业要采取压产、暂停部分污染大的工序、调整生产运行方式、加强污染治理等措施，减少30%的污染排放。全市工业企业污染物排放不能稳定达标的，原则上停产治理。

在控制燃煤污染方面。主要采取清洁能源替代、使用低硫优质煤等措施，减少燃煤产生的颗粒物、二氧化硫和氮氧化物的排放。具体内容主要有：积极争取增加外网供电量；国华、华能、京能、高井、京丰五大燃煤电厂，采取燃用低硫优质煤及加强污染治理设施运行管理等措施，减少30%污染排放；夏季运行的580个单位共705台燃煤锅炉，采取降低锅炉负荷、使用低硫优质煤和加强管理等措施，减少30%的污染物排放。

在减少挥发性有机物污染方面。主要采取回收或减排挥发性有机物等措施。具体内容主要有：全市禁止露天喷漆；印刷、家具生产、汽车修理等排放挥发性有机物的工序，未达到北京市排放标准的停产治理；暂停含有挥发性有机溶剂的建筑喷涂、粉刷作业和室内装修；未进行油气回收治理的加油站、油库停止使用。

2008年，在环境保护部的支持和协调下，北京市与天津、河北、山西、山东、内蒙古等六省区市加强大气污染治理区域合作，先后于2月、5月和9月召开3次协调会，督促加快落实北京奥运会空气质量保障措施。奥运会之前，各省区市组织实施大气污染保障措施，有效减少区域污染物排放。

（二）北京市第十四阶段控制大气污染措施

2008年2月16日，北京市政府发布《本市第十四阶段控制大气污染措施的通告》（以下简称《十四阶段措施》）。《十四阶段措施》以污染减排为主线，执行更加严格的环保标准，采取更加严格的控制措施，在煤烟型污染治理、机动车污染治理、工业污染治理、扬尘污染治理等方面实施“5655”治理工程，即5项煤烟型污染治理工程、6项机动车污染治理工程、5项工业污染治理工程、5项扬尘污染治理工程。同时，按照市委十届三次全会和市委、市政府领导多次提出的关于加大夜间大货车污染排放整治力度的精神，突出了对大货车污染加快治理、加强管理、严格执法和加大处罚力度的要求。为确保各项措施任务的落实，《十四阶段措施》还提出了强化属地管理责任、强化部门监管责任、强化排污主体责任、完善减排政策、依靠科技支持、引导社会共同参与、加强监督检查 7 项保障措施。

（三）奥运期间临时、应急措施

2008 年 4 月 4 日，市政府发布《2008 年北京奥运会残奥会期间本市空气质量保障措施》的通告。此项措施主要是在《十四阶段措施》的基础上，采取进一步严格的控制措施，包括：对机动车实施限行，对施工工地停止土方施工工程、混凝土浇筑作业，重点企业在达标的基础上减少污染排放，暂停水泥生产企业、水泥粉磨站、混凝土搅拌站等的生产，燃煤电厂在达标的基础上减少污染排放等。

2008 年 7 月 28 日，为保障北京奥运会残奥会期间极端不利气象条件下空气质量良好，根据国务院批准的《第 29 届奥运会北京空气质量保障措施》有关要求，环境保护部、北京市政府、天津市政府、河北省政府联合印发《北京奥运会残奥会期间极端不利气象条件下空气污染控制应急措施》。

《北京奥运会残奥会期间极端不利气象条件下空气污染控制应急措施》中关于应急措施的规定是，奥运会期间，如遇到极端不利气象条件，将采取紧急措施。在采取上述污染控制措施基础上，将进一步采取下列措施减轻污染：一是除保证城市正常运行、奥运会需求以及因生产工艺条件限制不能停产的之外，全市排放大气污染物的企事业单位原则上全部停产。二是施工工地原则上停止作业。三是除持有国Ⅲ以上绿色环保标志的车辆实行单双号上路行驶外，其他机动车原则上停驶。四是增加道路吸扫和冲刷频次。

奥运期间空气质量保障措施从时间跨度看，包括三个阶段。第一，执行北京市第十四阶段大气污染防治措施，这一阶段的措施针对 2008 年全年，同时，第十四阶段大气污染措施作为保障奥运会期间空气质量的重要组成部分，将六省区市的《第 29 届奥运会北京空气质量保障措施》中北京市奥运会前的综合治理措施全部纳入。第二，按照《第 29

届奥运会北京空气质量保障措施》采取大气污染防治措施，重点针对奥运会及残奥会期间（2008 年 7 月 25 日—9 月 20 日）制定实施北京市《奥运会残奥会北京空气质量保障措施》，提出临时减排措施。第三，在奥运期间，如遇极端不利气象条件，按照《北京奥运会残奥会期间极端不利气象条件下空气污染控制应急措施》，进一步采取应急减排措施。

二、奥运空气质量保障情况及效果

从 2008 年 7 月开始，市环保局组织协调各区县、各有关部门、各相关企事业单位，动员广大市民，自觉落实奥运会期间的施工工地停止重污染作业、重点污染企业和燃煤设施停限减排、机动车限行、黄标车禁行等措施。奥运会期间，全市 30 万辆黄标车禁止上路行驶，机动车单双号行驶；施工工地停止土石方、混凝土浇筑等重污染作业，重点区域周边道路 24 小时全天候保洁作业；东方化工厂、首钢、燕山石化、27 家水泥生产企业、18 家冶金和建材重点污染企业、近 140 个混凝土搅拌站等重点污染企业停产限产；高井、京能、国华、华能四大燃煤电厂减排。环保部门会同交管、建委、城管等有关部门和各区县政府统一行动，切实加大执法监察力度，对大气污染源单位奥运保障措施落实情况进行全面检查，最大限度地减轻污染。先后对冶金、建材（水泥、采石企业等）、燃煤锅炉使用单位、有机化工、汽车维修、家具制造、印刷、干洗、餐饮、施工工地等约 5 000 家大气污染源单位进行了检查，99%的企业均能按要求落实保障措施；采取进京路口检查、遥感检查，路查和夜查的方式，对 20 多万辆机动车进行了执法检查，96%的机动车均按要求达标上路行驶。上述措施的实施，大幅削减了大气污染物排放总量，使空气中污染物累积速度明显减缓、污染指数保持较低水平，为奥运会期间空气质量达标创造了条件。

2008 年 8 月 7 日下午，北京市空气湿度加大，温度升高，风速减小，大气污染物扩散条件不利，可吸入颗粒物浓度有所抬升，预计 8 月 8 日、

9 日两天大气污染物总体扩散条件与 7 日类似，北京市大气中污染物浓度呈上升趋势，空气质量可能出现超标。市环保局及时进行会商，在科学诊断和分析预测的基础上，市政府决定立即启动奥运空气质量保障监管应急预案。

8 月 7 日 21:30，市环保局局长史捍民主持召开区县环保局局长电视电话会议，要求全市环保系统连夜采取紧急措施，立即行动，加大对二氧化硫、氮氧化物、挥发性有机物排放企业和可能影响空气质量的污染源单位进行执法检查，重点加强对西南、东南地区的检查；立即通知 105 家排放二氧化硫、氮氧化物、挥发性有机物的重点污染源单位生产工序暂停生产，要求北京水泥厂、华能电厂、首钢、燕山石化等单位再暂停部分生产装置、再减排 10%，并逐一检查有关企业措施落实情况。加强协调沟通，确保信息渠道畅通，发现问题立即报告，尽最大努力确保 8 月 8 日空气质量达标。电视电话会后，全市环保系统立即行动，对重点污染源进行了夜查。

同时，环境保护部连夜通知北京周边地区启动奥运空气质量保障监管应急预案。河北省、天津市对重点地区电力、冶金等污染企业进行全面排查，对不达标的企业实施限产、停产，有效地遏制了污染物浓度上升的趋势。环境保护部跟踪督察，确保措施落实到位。经过多方协同努力，8 月 8 日开幕式当天和后续两天的空气质量全部为良。

奥运会、残奥会期间，空气质量天天达标，大气中主要污染物浓度比上年同期下降约 50%。其中，二氧化硫、一氧化碳和二氧化氮日均浓度补充浓度数值，达到世界发达城市水平；可吸入颗粒物浓度达到国家标准（150 μg/m^3）和世界卫生组织空气质量指导值第一阶段目标值（150 μg/m^3），远优于承诺指标（图 4-2～图 4-5）。

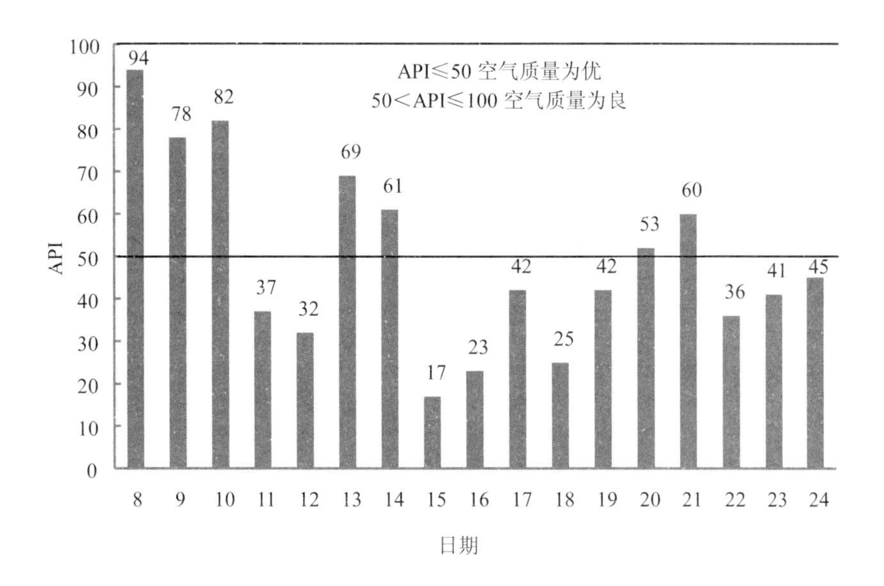

图 4-2　北京奥运会期间空气污染指数（8 月 8—24 日）

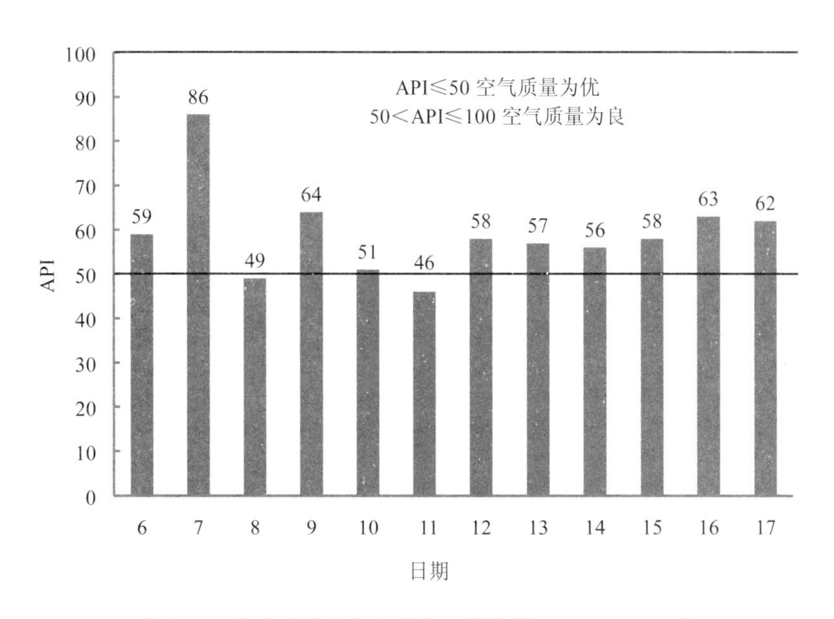

图 4-3　北京残奥会期间空气污染指数（9 月 6—17 日）

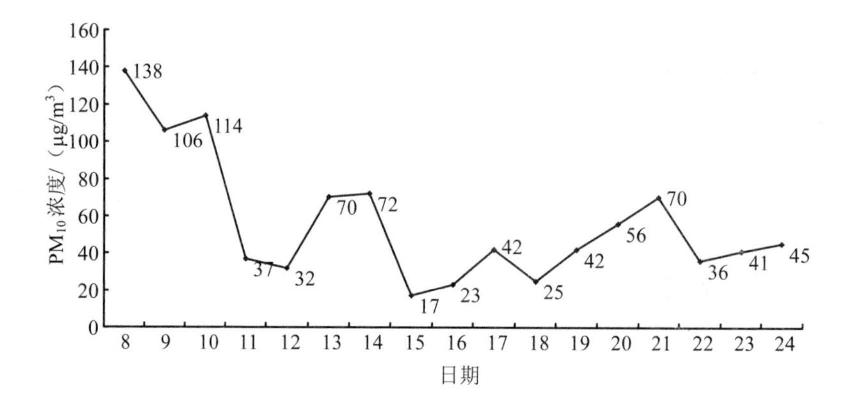

图 4-4 北京奥运会期间可吸入颗粒物（PM_{10}）浓度变化（8 月 8—24 日）

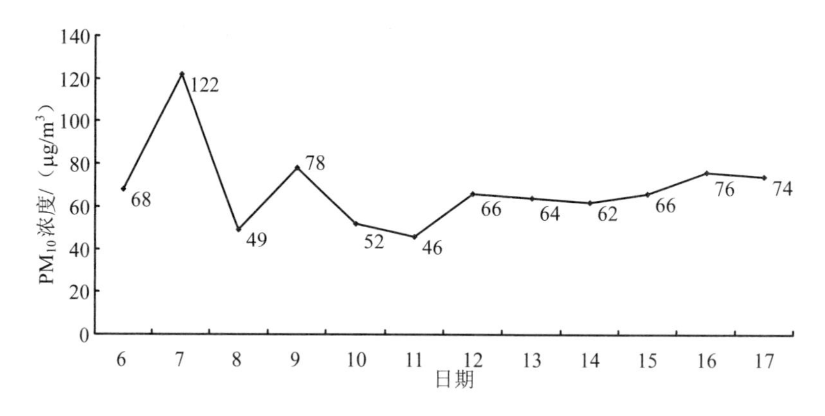

图 4-5 北京残奥会期间可吸入颗粒物（PM_{10}）浓度变化（9 月 6—17 日）

第三节 水环境保障

北京市环境保护局水和生态处作为水污染防治工作的主要责任处室，承担着全市水环境监管、水污染防治、生态环境监管的职责。奥运期间，圆满完成了市委、市政府交给的保证全市水环境质量的任务，做到了实时准确掌握水环境质量状况，严格控制水污染源，并及时处置各类水污染事件。

一、饮用水水源水质监管工作

为确保北京市饮用水水源水质安全，按照市委、市政府的重要指示，奥运期间进一步加强了饮用水水源水质安全监管工作，重点对密云水库、怀柔水库、官厅水库、京密引水渠和永定河山峡段、三家店水库、团城湖、妫水河（入官厅水库）等重点地表饮用水水源地进行了监督与保护。

（1）制定并实施了奥运水环境保障措施，向有关区县环保局印发了《北京市环境保护局关于加强饮用水水源及奥运水域水质安全监管工作的通知》（京环发〔2008〕99 号）。组织协调有关区县环保局成立了主要负责人参加的饮用水水源及奥运水域水质安全监管工作组，负责范围内的水域水质监管工作。

（2）与应急办共同组织召开了水环境事件应急处置专家工作会议，成立了应急处置专家组（22 人），指导奥运期间全市水环境质量监测和突发应急事件处置的技术工作。

（3）组织区县环保局及市环保监测中心加强水质巡查。在目前饮用水水源地常规监测的基础上，增加监测频次、监测点位和监测项目，对水质进行生物毒性实验，及时发现异常情况，达到全面监控和反映北京市饮用水水源水质状况的目的。市环保监测中心对饮用水水源地水质进行抽测，并从 2008 年 4 月 21 日开始，对密云水库（库区及出口）、怀柔水库、京密引水渠（青龙桥）及永定河三家店闸 5 个监测点位进行发光细菌急性毒性实验检测。同时，市环保局为密云、怀柔、海淀 3 个区环保监测站紧急购买了发光细菌急性毒性实验设备，7 月中旬仪器到位后，立即与市监测中心共同开展了发光细菌急性毒性实验检测（表 4-1）。

表 4-1　市环保监测中心发光细菌监测车监测点位

序号	点位名称	河段	地理位置	备　注
1	西田各庄	京密引水渠（密云水库至怀柔水库段中部）	密云县	监测频率： 监测车在 5 个监测点位循环监测，每周每个点位监测 2～3 次
2	怀柔水库（出水）	京密引水渠（怀柔水库出口）	怀柔区	
3	团城湖	—	海淀区	
4	三家店水库	—	门头沟	
5	青龙桥	京密引水渠（入团城湖前）	海淀区	

从 4 月 21 日开始，各区县增加对氰化物、砷、汞、镉、六价铬、挥发酚等 6 项毒性监测项目的监测，每日 15:00 前以书面形式报告前一天的监测结果。

（4）对可能对饮用水水质安全造成影响的污染源及潜在污染隐患进行监管，加大巡查、执法和监管力度，及时掌握有关情况。奥运前水和生态处对饮用水水源范围污水排放企业进行了筛选，确定奥运期间对饮用水水源二级保护区内的 8 家重点企业进行现场检查。奥运期间与市环保监察队一起对这些企业进行了专门的监督检查。

（5）市水务局依法在团城湖周围建设防护围网，但在实施此项工作的过程中，出现了部分游泳者破坏护网、不听劝阻继续在团城湖游泳的情况。为确保防护围网发挥作用，保障饮用水水源安全，从 6 月 27 日起，水和生态处参与了由市水务局、环保局、公园管理中心（颐和园管理处）相关部门进行的每日联合执法行动，制止和取缔游泳等违法行为。通过宣传、执法等措施，团城湖游泳人员已由最多时的每日约一百人次，减少到基本无游泳现象，保证了饮用水安全。

二、奥运场馆水域水质监管工作

为全面落实市领导关于加强奥运场馆水域环境水质监督监测的指示，确保2008年奥运会顺利举办，对顺义奥林匹克水上中心竞赛水域、昌平铁人三项赛竞赛水域（十三陵水库）、奥体中心区奥运森林公园景观水域和朝阳公园水域等奥运场馆水域进行了监督监测。

（1）对奥运会重点水域水质进行了统一监管，并与市水务局、责任区政府以及相关奥运管理部门建立了联动机制，互通水域水质情况，并向有关区县环保局印发了《北京市环境保护局关于对北京市奥运场馆水域进行水质监督监测工作的通知》（京环发〔2008〕98号），具体部署了该项工作。要求有关区县环保局对奥运场馆重点水域做到及时监测、巡查和监管并随时报告结果。

（2）自4月21日至开赛前一周，各有关区县环保局对各监测断面（点）重点监测项目（13项）每半月监测一次。其中，市环保监测中心在7月进行了一次所有监测项目的监测；在开赛前一周至比赛结束后一周，对各监测断面（点）的重点监测项目，每天监测一次，每日15:00前报送监测结果。

三、地表水水质监管工作

对全市所有地表河流、湖泊、水库进行水质巡查工作，重点是市区河湖以及各区县县城区域的地表水体的巡查。该项工作涉及全市18个区县。

（1）向18个区县环保局印发了《北京市环境保护局关于加强地表水环境质量监管有关工作的通知》（京环发〔2008〕105号）。为防止汛期发生水污染事故，向18个区县环保局印发了《北京市环境保护局关于加强汛期环境监管防止发生水污染事故的通知》（京环发〔2008〕150号），具体部署了该项工作，要求区县环保局均由一名主管局长和一名责任人负责此项工作。

（2）与水务、园林部门建立了地表水水质巡查联动机制，密切合作，确保地表水水质符合要求。水和生态处每周对京密引水渠、昆明湖、团城湖、“六海”、玉渊潭、南北护城河、朝阳公园等重点水域进行现场检查。

（3）巡查的重点是各水体的色、嗅、漂浮物等感官状况，制作现场检查记录，严防“水华”现象的发生、发展。从 5 月起，各区县环保局于每周五 15:00 前将本周的巡查结果以书面形式报水和生态处。

（4）奥运会开幕前一周至残奥会结束后一周期间，各区县加大了巡查频次，每天安排重点水域一次水环境质量巡查，并于每天 15:00 前以书面日报的方式，向市环保局报告前一天的巡查结果。

四、水污染源监管

保证了全市城市生活污水处理厂和水污染物排放企业的污水处理设施，尤其是国控和市控排水企业的污水处理设施正常稳定运行，出水达标。同时对在奥运期间不能达标排放或限期治理没有完成的，坚决予以关停。

（一）城市生活污水处理厂

奥运前组织各区县环保局对辖区内污水处理厂进行了全面检查，对各污水处理厂所有设备和设施的安全与运转状况进行检查，对无法确保奥运期间稳定运转的设备提前进行检修和更换，以确保实现稳定达标。水和生态处对清河、小红门、北小河等曾经出现过超标排放的大型城市污水处理厂进行了现场检查。

（二）水污染物排放企业

对全市的大部分重点水污染物排放企业进行了现场检查。检查内容包括：污水处理设施运转情况、出水达标情况、奥运期间运行保障情况。

检查中指出了企业存在的问题及注意事项。奥运期间，水和生态处共检查重点水污染物排放企业 100 余家，并对废水不能达标排放的 10 家企业分别下达了限期整改通知。

通过现场检查和各区县上报的材料，综合分析废水排放量、设施运转情况、所处位置等，水和生态处与监察队共同确定了奥运期间重点水污染企业共 35 家，奥运期间对这些企业进行了重点监管和检查。

2008 年 8 月 1—26 日奥运会，9 月 6—17 日残奥会期间，实行所有监测点位每日一测、每日一巡查、每日一报告制度，每天 16:00 以《奥运会与残奥会水环境状况日报》的形式将奥运期间全市水环境状况上报局领导。

奥运会、残奥会期间，共计获得饮用水水源地有效监测数据 7 000 多个，奥运场馆水域有效监测数据 8 000 多个，全市 128 个重要地表水体点位 2 万多个感官指标巡查结果。通过一系列的监测、巡查和监管工作，有效地保证了北京市饮用水水源、奥运场馆和地表水的水质安全，为奥运会和残奥会顺利召开提供了良好的水环境。

第四节　声环境保障

奥运会期间，北京市环保局成立了“环境噪声监管团队”，制定了《奥运环境质量保障环境噪声监管工作方案》，以负责的精神，在局党组的领导下，围绕工作目标，抓住重点，团结协作，认真开展相关工作。

一、工作目标、工作机制和工作内容

（一）工作目标

1. 加强对涉奥场所周边巡查，预防和及时处理各类环境噪声干扰涉奥人员休息和比赛的情况。

2. 预防和及时化解因环境噪声污染引发的群体事件。

（二）工作机制

噪声处、监测中心、监察队、投诉中心、环评处 5 个部门成立了“环境噪声监管团队”。

1. 噪声处负责做好全市声环境统一监管工作，并与各区县环保局主管领导做好沟通，协调处理各种因噪声污染可能引发的扰民和群众来信来访纠纷等事件，重点是交通噪声扰民，要与交通行政主管部门积极协调，做好疏导工作。

2. 监察队做好日常巡查工作，对巡查中发现的噪声扰民问题迅速查处。在城八区内固定噪声源的投诉接件后 60 分钟内赶赴现场，首先以消除环境影响为前提，安抚群众，对噪声超标的单位从严查处，并在 3 天内将受理情况反馈举报人。积极配合市公安、城管、建委等单位对社会生活噪声、施工噪声进行查处。在工作中要与区县环保局监察人员建立有效的联络，及时沟通，密切配合。

3. 监测中心做好声环境质量的监测，按要求及时报送（包括首都机场 17 个点位）数据和分析报告，并与噪声处、监察队密切协作，根据需求及时派人赴现场进行监测，出具数据报告。道路交通噪声积极配合噪声处、固定噪声源配合监察队赴现场监测。

4. 12369 举报中心做好日常的接访疏导工作，及时向有关部门传递信息、沟通情况，对非正常上访群体性事件及苗头早发现、早报告。

5. 按照已建立的各类噪声控制联合检查查处机制，做好监督管理工作。涉奥的交通噪声及其他交通噪声由噪声处协调交通委进行处理；涉奥的固定源噪声及其他固定源和工业噪声由监察队组织区县环保局查处；社会生活噪声积极会同公安部门查处；施工噪声积极会同建委、城管部门查处；并按照分工与上述有关部门的负责同志建立有效的电话联系。

6. 建立定期会商制度。噪声处负责每周召开声环境监管团队全体成员碰头会，总结上周工作情况，研究下周工作部署。

（三）工作内容

声环境质量保障工作主要围绕两个方面开展：一是对交通干线和首都机场周边环境噪声状况变化进行监视性连续监测；二是及时处理环境噪声投诉。

市环保局重点保障全市环境噪声自动监测系统正常运行，实行周报，掌握全市声环境质量基本状况。每日分析首都机场周围飞机噪声自动监测数据，督促樱花园小区飞机噪声治理工程进度，配合顺义区政府做好群众工作。及时处理群众有关噪声的信访投诉，重点配合有关部门处理交通噪声扰民问题。

区县环保局对固定噪声源、施工噪声、社会生活噪声、道路交通噪声、首都机场飞机噪声进行重点监管。

1. 固定噪声源

按照属地管理原则，各区县和经济开发区环保局要加强对辖区内工业企业厂界，以及拥有冷却塔、空调器的商业经营单位、餐饮业、营业性文化娱乐场所等固定噪声源单位的边界噪声监管，对噪声投诉要及时监测，对超过国家环境噪声排放标准的，原则上责令限期治理。限期治理期间可以责令被限期治理的单位停止使用产生噪声污染的设备、设施或者限制设备、设施运行时间。

对民用建筑配套的公用设施噪声投诉，可按照原国家环保总局文件（环函〔2007〕54 号）精神，做好纠纷调解工作。

2. 施工噪声

按照属地管理原则，各区县和经济开发区环保局要主动配合城管执法部门，结合工地扬尘巡查，及时处理施工噪声扰民行为和投诉。

3. 社会生活噪声

按照属地管理原则，各区县和经济开发区环保局要主动配合公安机关及时查处以下制造噪声干扰正常生活的案件：使用干扰周围环境的音响器材；商业经营活动在室外使用音响器材或者采用其他发出噪声的方法招徕顾客；公共场所使用音响器材产生噪声；从室内发出噪声；装修。

4. 道路交通噪声

各区县和经济开发区环保局对于市级以上道路交通噪声扰民投诉，要及时赴现场开展监测调查工作，并将有关情况及时报告市环保局，配合市环保局做好下一步处理。及时处理区县级以下道路交通噪声扰民问题。

5. 首都机场飞机噪声

顺义区环保局要针对首都机场飞机噪声扰民问题，会同有关部门制订群体事件应对预案，掌握樱花园小区飞机噪声治理安装隔声窗工程进展情况，配合有关部门做好群众工作。积极推进 16 个村庄整体搬迁工作方案的制定工作。

通州区环保局要高度关注辖区内管头村等首都机场飞机噪声扰民问题。

二、开展的工作情况

（一）加强了环境噪声的监测，密切关注其变化情况

奥运会期间，市环保局启用了声环境自动监测系统，对全市声环境质量进行 24 小时连续监测，并在局内网页上公布了 18 个点的动态监测情况。根据监测数据，北京市声环境质量表现为道路交通噪声降低，首都机场周边热点地区噪声污染比较严重。

1. 交通干线环境噪声变化情况

根据市政府发布的机动车限行方案情况下的声环境质量变化监

测数据，第一阶段机动车限行方案要求黄标车禁行，并停驶30%的公车，全市交通噪声较限行前昼间平均降低0.6 dB（A），夜间平均降低1.5 dB（A）。第二阶段在第一阶段基础上实施单双号交替行驶，使交通噪声进一步下降，全市交通噪声较限行前昼间平均降低1.1 dB（A），夜间平均降低2.7 dB（A）（图4-6、图4-7）。

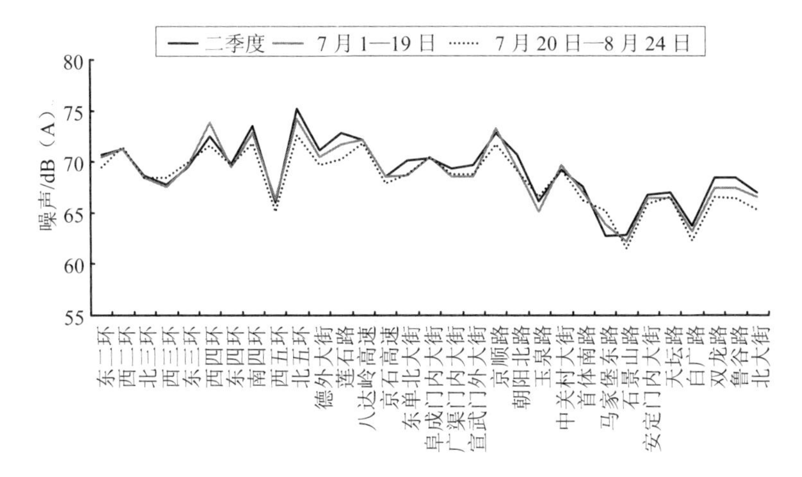

图4-6　交通限行措施实施前后各监测路段昼间道路交通噪声变化对比

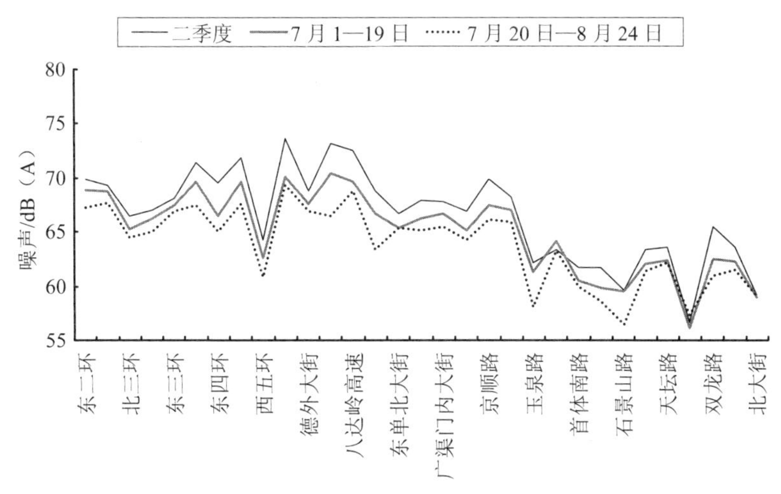

图4-7　交通限行措施实施前后各监测路段夜间道路交通噪声变化对比

2. 首都机场周边环境噪声状况

按照首都机场第三跑道建设环境影响评价报告书的批复要求，首都机场建立运行机场周边环境噪声自动监测系统。该系统共设置 17 个自动监测点位，涉及顺义、通州、朝阳 3 个区的 15 个村庄和 2 个居民小区。

为及时了解首都机场在奥运期间因增加航班对周边环境的影响，从 2008 年 7 月 4 日起，首都机场开始向市环保局报送监测数据。监测数据表明，通州区管头村和顺义区樱花园小区的飞机噪声污染较为严重。具体情况是：①通州区管头村：自 7 月 4 日—8 月 24 日共 52 天，实际有效监测数据 49 天，飞机噪声平均值为 83.1 dB，其中 42 天（86%）均高于国家标准（二类区）75 dB，7 月 5 日噪声达到最高值 90.3 dB；②顺义区樱花园小区：自 7 月 4 日—8 月 24 日共 52 天，实际有效监测数据 51 天，飞机噪声平均值为 79.8 dB，其中 47 天（92%）均高于国家标准（二类区）75 dB，8 月 14 日和 8 月 21 日噪声达到最高值 84.3 dB。

（二）认真办理市领导关于噪声投诉的批示

根据赵凤桐副市长批示，环境噪声监管团队负责办理京津城际高速铁路噪声和部分路段火车鸣笛扰民投诉问题。经与国家环保部环评司、铁道部计划司、北京铁路局、京津城际铁路公司及设计、环评单位 5 次召开协调会，并 2 次赴现场实地踏勘，反复协调，铁路部门最终同意补建环评报告书规定的隔声屏工程 7 km，交通限行结束后就开始施工；为解决火车鸣笛扰民问题，经与北京铁路局、市路政局道口处等部门沟通了解情况和现场调查，提出了完善跨铁路行人通行设施建议，李伟副秘书长已按赵凤桐副市长批示安排“08 环境办”开始前期准备工作。

针对新开通运行的 S2（西直门—延庆）旅游铁路线噪声投诉，赵凤桐副市长批示进行噪声监测。噪声监管团队组织市监测中心开展了噪声监测，并将监测情况上报市政府。

（三）努力协调化解环境噪声污染引发的矛盾纠纷

按照市处理信访突出问题及群体性事件联席会议办公室的要求，奥运期间市环保局参与协办6件涉及噪声污染的矛盾纠纷。环境噪声团队到6处现场调查了解情况，并主动与主办单位市交通委、顺义区政府、通州区政府交换意见，沟通情况，共同研究防止群体事件的应对方案。4件涉及道路交通的噪声污染问题已落实了解决方案，投诉群众表示满意。首都机场飞机噪声对顺义樱花园小区和通州管头村污染比较严重，尤其是樱花园小区居民反映较为强烈。7月11日顺义区樱花园小区5名群众代表到市环保局上访，反映首都机场飞机第三跑道投入运营后，飞机噪声污染强烈，严重影响生活，同时造成房产贬值，要求市环保局帮助解决。噪声团队耐心倾听群众投诉，就缓解第三跑道飞机噪声污染的政策措施和当前工作进度进行了解释说明。之后，又多次会同顺义环保局到来访居民家中回访谈心，与居民同时感受现场噪声污染情况，耐心解答居民提出的问题，并希望居民在奥运期间保持稳定，居民表示奥运期间会顾全大局。

另外，噪声团队还直接及时处理了其他7件噪声投诉。

奥运会及残奥会正式召开期间，市环保局未接到涉奥场所的噪声投诉。

三、取得的成效

奥运会期间，全市声环境质量整体平稳，由于比赛期间车辆限行，使全市声环境质量较奥运前有一定改善。由于加大了宣传解释及查处力度，奥运期间未出现因噪声污染导致的群体性信访事件和产生不良影响的信访投诉事件。

第五节　固体废物安全监管

奥运固体废物环境保障工作是为确保奥运会及残奥会期间全市各类固体废物全部得到安全收集、贮存、运输和处置利用，实现“绿色奥运”“平安奥运”的目标。保障工作以源头控制为主，重点抓全过程管理，通过现场检查等手段，实现了奥运期间危险废物污染事故及因固体废物引发的污染扰民群访事件为零的目标。

一、危险废物管理

（一）制订方案，积极应对

为确保奥运会及残奥会期间全市各类危险废物全部得到安全收集、贮存、运输和处置利用，努力实现奥运期间危险废物污染事故及因固体废物引发的污染扰民群访事件为零的目标，6 月 5 日制定并下发了《奥运会及残奥会期间固体废物环境保障工作方案》（京环发〔2008〕157 号），7 月 23 日制定并下发了《2008 奥运会期间北京危险废物应急跨省处置联动保障方案》（京环函〔2008〕460 号）。

工作方案要求危险废物重点源产生单位及经营单位制订方案，落实奥运期间相关责任，积极开展单位内部自查，发现问题及时整改，加强危险废物贮存、转移、处置各环节的环境管理，对少数存在问题的产废单位及经营单位，要求其在奥运期间停止生产、经营活动，并实行危险废物重点源产生单位周报及经营单位日报制度，即：重点源产生单位每周一报告上一周本单位危险废物产生和转移情况，经营单位每日 16:00 前报告当日危险废物收集和处置利用情况；并要求生活垃圾处理厂按照标准规范要求，落实生活垃圾收集、运输、处理等过程的污染控制措施，确保污染防治设施稳定运行，各项污染物排放稳定达标，同时要求排水集团确保所属各污水处理厂产生的污泥得到及时、规范的处置。

国家环保部组织召开京津冀三省市奥运会固体废物环境保障协作会。会议议定，由天津市、河北省环保局各指定一个处置能力强的综合性危险废物经营许可证单位作为北京市危险废物处置的应急单位；由北京市环保局在现有保障方案的基础上，补充制定《北京市奥运期间危险废物应急跨省处置保障方案》，上报国家环保部；由国家环保部总协调北京、天津、河北三省市危险废物应急跨省处置方案。

北京市环保局在协作会会议纪要及征询天津市和河北省环保局意见的基础上，制定了《2008 奥运会期间北京危险废物应急跨省处置联动保障方案》。方案确定了环境保护部污控司固体处为国家级协调机构，北京市环保局固体废物管理办公室、天津市环保局固体处、河北省环保局污控处为省市协调部门，北京金隅红树林环保技术有限责任公司、天津合佳威立雅环境服务有限公司、河北涞水县风华环保服务有限公司为应急处置单位；确定了 8 类应急跨省转移危险废物，转移数量每月约 3 000 t；制订了详细的运输路线。

（二）召开例会，落实方案

2008 年 6 月 11 日，市环保局组织全市 16 个区县环保局及经济技术开发区环保局、9 家危险废物经营许可证单位、53 家年产生危险废物 50 t 以上的重点源单位以及燕化、首钢、金隅集团、化工集团、环卫集团、排水集团等单位召开了奥运会及残奥会期间固体废物环境保障工作会，对保障工作方案的实施进行了详细安排和部署。

（三）专项检查，消除隐患

1. 危险废物经营许可证单位专项检查。

2008 年 7 月 10—14 日，市环保局对金隅红树林公司、金州安洁公司、中首精滤公司等 6 家奥运期间正常运行的危险废物许可证单位进行了专项检查。

2008年8月4—10日，市环保局检查了3家危险废物许可证单位，各单位奥运保障措施均已落实。8月8日开幕式当天，全市危险废物经营许可证单位全部停止了危险废物的收集、运输经营活动（医疗废物除外）。

2008年8月11—17日，市环保局检查了4家危险废物许可证单位，各有关区县环保局检查危险废物经营许可证单位4家。对个别转移医疗废物未使用周转箱的行为责令其限期整改，并依法进行了处罚。

2008年8月18—24日，市环保局检查了北京金隅红树林环保技术有限责任公司、北京航兴宏达化工有限公司2家危险废物许可证单位；区县环保局检查危险废物经营许可证单位4家，均未发现违法行为。

2008年9月1—7日，市环保局检查了北京科丽力尔净水科技有限公司、北京中首精滤科贸有限公司2家危险废物许可证单位，贮存、利用设施均正常运转，均未发现违法行为。

2008年9月8—14日，各区县环保局检查危险废物经营许可证单位12家，均未发现违法行为。

2008年9月15—21日，各区县环保局检查危险废物经营许可证单位3家，均未发现违法行为。

2. 危险废物重点源产生单位专项检查。

2008年6月26日，市环保局对北京东方石油化工有限公司有机化工厂、北京东方石油化工有限公司化工二厂进行核查，两单位按照奥运保障承诺，已全部停产。

2008年7月17日，市环保局检查组逐一核查了燕山石化公司下属6家产废单位20种危险废物的处置情况。检查显示，燕山石化公司奥运期间固体废物处置措施已基本落实。

2008年7月21日前，为确保危险废物得到安全处置，保障奥运期间首都环境安全，市环保局对全市53家年产50 t以上的危险废物重点单位进行了专项检查，均未发现违法行为，奥运保障措施已全部落实。

2008 年 7 月 28 日—8 月 3 日，各区县环保局共检查危险废物产生单位 90 家（正常生产 58 家，减产 18 家，停产 14 家），检查危险废物经营许可证单位 4 家（1 家停产），检查其他固体废物产生、处置单位 6 家。其中对 6 家贮存设施不达标的单位提出了限期整改的要求。

2008 年 8 月 4—10 日，区县环保局共检查危险废物产生单位 111 家，对 3 家贮存设施不达标单位、1 家存在环境隐患单位提出了限期整改的要求。

2008 年 8 月 11—17 日，市环保局检查了 4 家危险废物产生单位，对 1 家汽修企业当场提出了整改要求，并请辖区环保局进行复查。同期，各区县环保局共检查危险废物产生单位 140 家，未发现违法行为。

2008 年 8 月 18—24 日，市环保局检查了 5 家危险废物产生单位，对 1 家单位责令其限期整改。同期，各区县环保局共检查危险废物产生单位 133 家，对 9 家单位危险废物贮存设施无警示标志、不符合危险废物贮存标准的问题，责令其限期改正。

2008 年 8 月 25—31 日，各区县环保局共检查危险废物产生单位 101 家，5 家单位危险废物贮存设施不符合国家危险废物贮存标准要求，责令其限期改正。

2008 年 9 月 1—7 日，各区县环保局检查危险废物产生单位 101 家，3 家单位贮存设施不符合国家危险废物贮存标准，责令其限期改正。

2008 年 9 月 8—14 日，各区县环保局共检查危险废物产生单位 104 家，1 家单位危险废物贮存设施不符合国家危险废物贮存标准，责令其限期改正。

2008 年 9 月 15—21 日，各区县环保局检查危险废物产生单位 103 家，2 家单位贮存设施不符合要求，责令其限期改正。

二、医疗废物管理

（一）制订方案，积极应对

2008 年北京奥运会及残奥会医疗废物环境监管工作方案要求北京金州安洁废物处理有限公司（北京市唯一一家医疗废物集中收集、处置单位）制定奥运期间医疗废物安全清运和规范处置工作方案及应急预案，并报市环保局备案，认真做好 31 个奥运竞赛场馆及奥林匹克公园内非竞赛场馆每天医疗废物安全清运及处置工作和医疗废物污染环境事件应急处置工作；市、区两级环保部门做好对北京金州安洁废物处理有限公司收集、运输及处置奥运场馆医疗废物的环保监督性检查工作及应急值守工作。

（二）召开例会，落实方案

2008 年 6 月 4 日，市环保局会同北京奥组委工程和环境部、市卫生局召开了奥运场馆医疗废物安全处置工作会。各奥运竞赛场馆、非竞赛场馆的环境部经理、卫生部经理以及奥运场馆所在区县环保局固体废物监管负责人参加了会议。奥运医疗废物指定环境服务商北京金州安洁废物处理有限公司负责人介绍了奥运场馆医疗废物的清运处置保障方案，并与奥运场馆负责人就医疗废物收集、清运、处置工作进行了对接。

6 月 16—20 日，市环保局对 31 家竞赛场馆及非竞赛场馆的医疗废物收集、贮存设施准备情况、应急预案情况进行了一次全面检查。

6 月 25 日，市环保局对北京金州安洁废物处理有限公司在奥运场馆进行的医疗废物清运、处置过程开展了一次全程跟踪检查。

（三）专项检查，消除隐患

2008 年 9 月 10 日，市环保局检查了残奥村综合诊所、鸟巢医疗点医疗废物收集贮存情况。两处奥运场馆医疗站点均按规定配备了专用的收集袋和周转箱，由金州安洁废物处理公司按时清运、规范处置。

三、危险化学品管理

危险化学品专项检查。2008 年 6 月 12 日，北京市环保局联合北京市安全生产监督管理局和北京市公安局印发《关于开展废弃危险化学品专项检查的紧急通知》，确定了由各区县环保局、安全生产监督局、公安分县局联合组成专项检查工作小组，研究制订专项检查工作方案，确定被检查单位名单，组织落实检查工作。

7 月 30 日，市环保局、市安监局、市公安局组成联合检查组分别对丰台区、朝阳区废弃危险化学品专项检查工作进行了抽查。

四、生活垃圾处置设施管理

为落实赵凤桐副市长在 8 月 14 日研究六里屯、高安屯垃圾处理场有关问题会议上关于做好高安屯垃圾焚烧厂试运行监督监测和垃圾填埋场周边限建距离研究的指示精神，8 月 15 日，市环保局召开专题会议研究部署，落实责任，认真组织开展相关工作：一是组织做好对高安屯垃圾焚烧厂试运行期间的监督监测。高安屯垃圾焚烧厂当时已点火准备试运行。市环保局组织委托权威专业机构认真制订监测方案，及时做好对高安屯垃圾焚烧厂试运行期间污染物排放情况的监督监测工作，为指导北京市新建垃圾焚烧项目积累经验。二是研究垃圾填埋场周边限建距离。组织相关单位开展垃圾填埋场周边限建距离研究工作，评估北京市生活垃圾填埋场周边限建（宜建）区域，形成规范性技术文件，经论证后报市政府，为从根本上解决垃圾填埋臭味扰民问题提供依据。

2008年8月25—31日，市环保局联合海淀区环保局对六里屯生活垃圾填埋场进行了突击检查，发现该设施运行情况良好，填埋场周边未发现有臭气污染问题；与市政管委联合检查了高安屯生活垃圾填埋场和小武基生活垃圾转运站，督促企业进一步加强环境管理，不断完善污染防治措施。特别对近期高安屯垃圾填埋场臭气污染扰民投诉增多的问题，要求高安屯积极采取措施，认真落实生活垃圾安全处置的污染防治工作，减少对周围环境的影响，建立与社会、居民沟通的渠道，防止污染扰民群体投诉等有碍安定和谐事件的发生。

五、固体废物安全保障工作成效

2008年9月16日，市环保局召开奥运期间固体废物安全保障工作总结会。市环保局介绍了北京市奥运期间危险废物收集、贮存、处置情况以及空气质量情况，分析了取得的经验和存在的不足。对津、冀两地环保部门在奥运期间给予北京市危险废物管理的帮助表示感谢。随后，津、冀两地环保部门的主管领导分别总结了奥运期间该地区的危险废物管理情况，最后，环保部有关负责人对京津冀三地危险废物应急处置联动保障工作给予了充分肯定，建议三地建立区域危险废物环境安全长效工作机制。

奥运期间固体废物环境管理工作，不仅成功地保障了首都固体废物环境安全，确保了固体废物无害化处置，同时也为上海世博会、广州亚运会等大型活动提供了有益的借鉴。

六、奥运会的场馆清洁与废弃物管理

（一）场馆清洁与废弃物管理的总目标

在赛时满足所有客户对各区域的合理清洁需求，并对废弃物分类收集、清运、处理系统实施全过程跟踪监督，实现垃圾100%分类回收、

50%资源化的承诺目标。

（二）工作机制

2002 年，北京奥组委成立环境活动部，由该部负责场馆清洁与废弃物管理工作，编制计划，制定标准、政策和程序。2006 年 6 月，北京奥组委原环境活动部与原工程部合并，成立工程和环境部，清洁与废弃物管理职能也相应转入新的部门。

根据具体情况，北京奥组委采取签订协议、合约的形式，明确职责，委托北京市政府有关部门和相关区、县政府，妥善解决奥运会场馆内、外部的清洁与废弃物管理工作；北京奥组委严格把握标准，抓好监督落实。在场馆清扫保洁管理方面，充分发挥场馆业主熟悉场馆的优势，将场馆业主单位人员作为奥运会合同商人员，把清洁任务整体外包给场馆业主，赛时列入场馆团队，执行北京奥组委合同商人员相关政策；在废弃物管理方面，结合北京市现行环卫工作体制及现有环卫设施的分布与占有情况，将场馆内的废弃物转运及最终处置工作从职责上划分给市政管委（表 4-2）。

表 4-2　场馆清洁与废弃物管理职责分工

工作任务	责任部门	配合部门
场馆清洁及废弃物收集	场馆业主	工程和环境部
废弃物转运及处置	北京市市政管理委员会	工程和环境部
场馆清洁与废弃物管理计划编制、标准制定；赛时监督检查	工程和环境部	北京市市政管理委员会、场馆业主

（三）计划文件编制

按照国际奥委会与北京奥组委的要求，环境活动部编制了《场馆清洁与废弃物管理战略计划》《场馆清洁与废弃物管理运行纲要》《示范场馆运行计划》和场馆清洁与废弃物管理标准及政策、程序等。

2005 年 2 月，编制完成了《场馆清洁与废弃物管理战略计划》。

2005 年 8 月，编制完成了《场馆清洁与废弃物管理运行纲要》。

2005 年年底，编制完成了《示范场馆清洁与废弃物管理运行计划》。共编制完成有关清洁与废弃物管理的 18 个政策和 6 个程序。这些政策和程序主要有：《奥运村清洁与废弃物管理政策》《奥运会场馆内特许零售点清洁与废弃物管理政策》《奥运会场馆清洁政策》《奥运会场馆一般废弃物管理政策》《包装物管理环保政策》《餐饮区清洁与废弃物管理政策》《场馆特殊废弃物管理政策》《废弃物减量化管理政策》《观众服务废弃物管理政策》《光化学废弃物管理政策》《国际广播中心—主新闻中心清洁与废弃物管理政策》《竞赛场地清洁与废弃物管理政策》《媒体村清洁与废弃物管理政策》《物流采购清洁与废弃物管理政策》《训练场馆清洁与废弃物管理政策》《医疗废弃物管理政策》《有毒有害危险废弃物管理政策》和《赞助商接待中心清洁与废弃物管理政策》；《竞赛场地医疗废弃物的收集处理程序》《竞赛场馆普通废弃物的收集处理程序》《有毒有害危险废弃物的收集处理程序》《奥运村医疗废弃物的收集处理程序》《餐饮废弃物的收集处理程序》和《卫生间的报修程序》。

2006 年 4 月，编制完成了《北京 2008 年奥运会与残奥会场馆清洁服务标准》《北京 2008 年奥运会与残奥会场馆废弃物管理标准》《北京 2008 年奥运会与残奥会场馆设备、设施及物资验收标准》和《北京 2008 年奥运会与残奥会场馆清洁验收标准》。标准中明确将场馆清洁服务分为四个等级，一级标准为最高级别服务标准，适用于场馆内的最重要区域，如贵宾区和体育竞赛区；二级标准为较高的服务标准，适用于场馆内的较重要区域，如文字媒体区和部分观众活动区；三级标准为一般的服务标准，适用于电视转播区、观众座席区和场馆运行区；四级标准为基本的服务标准，适用于停车场和库房等区域。在废弃物管理上，标准明确要求按照减量化、资源化、无害化原则，充分结合北京市现有垃圾处理设施情况，对废弃物进行分类回收和处理，确保实现废弃物 100%分类回收、50%资源化利用的目标。要求对场馆的有害废物（如含汞废灯管）安全处置或利用。

（四）丰台垒球测试赛清洁与废弃物管理工作情况

第十一届世界女子垒球锦标赛作为北京地区举办的第一项奥运会测试赛，于 2006 年 8 月 27 日—9 月 5 日在丰台体育中心举行。

1. 赛事概况

本届女垒世锦赛共接待了来自 15 个国家和地区的运动员及随队官员 425 名，国际垒联官员、技术官员 80 多名和国内外贵宾 400 余名。来自 14 个国家和地区的 102 家媒体共 610 多名记者采访了比赛。10 天中，组织了 67 场比赛和开幕式、闭幕式，吸引了 15.8 万名观众到场观赛。中央电视台、日本电视网和欧洲广播电视联盟共转播 28 个场次的比赛。

2. 运行模式

按照北京奥组委确定的以场馆团队为主推动筹备工作的要求，北京奥组委抽调各方人员组建了第十一届世界女子垒球锦标赛组委会，逐步形成了场馆运行团队、外围保障工作组、综合服务接待团队和安保交通团队。按照示范场馆组织体制，场馆主任、副主任和场馆运行秘书长统筹协调指挥，对外形成了统一协调的办公室、竞赛部、服务部、后勤部、宣传部、接待部、安保交通部、城市运行部 8 个部门，分别承担相应职责。场馆团队和外围保障工作组建立每日通报和即时报告制度，保持内外信息的直接通畅。在 10 天的比赛组织工作中，场馆团队业务口经理层级直接协商解决 75%以上的问题，场馆主任层级可解决 95%以上的问题，只有极少数问题需要请示垒球赛组委会决策。

3. 废弃物产生量

丰台垒球测试赛期间，共产生废弃物 48 734 kg，其中可回收物 32 207 kg，厨余垃圾 11 013 kg，其他垃圾 5 514 kg。废弃物无害化处理率达到 100%，资源化率达到 88.7%（表 4-3）。

表 4-3　丰台垒球测试赛期间废弃物产生量　　单位：kg

序号	日期	可回收物	厨余垃圾	其他垃圾	合计
1	08.27	1 880	600	377	2 857
2	08.28	1 985	1 800	194	3 979
3	08.29	3 521	900	794	5 215
4	08.30	3 063	1 108	200	4 371
5	08.31	3 525	930	818	5 273
6	09.01	4 038	1 050	207	5 295
7	09.02	3 700	905	199	4 804
8	09.03	3 239	940	1 285	5 464
9	09.04	4 500	880	1 010	6 390
10	09.05	2 756	1 900	430	5 086
总计		32 207	11 013	5 514	48 734

第六节　辐射环境安全监管

2008 年北京成功承办了举世瞩目的第二十九届夏季奥林匹克运动会和残奥会，从奥运筹备到结束整个过程中，为了确保奥运场馆的辐射安全，市环保局专门成立了以副局长庄志东为执行主任，由辐射处、辐射监察队、辐射中心、放废中心组成的辐射安全监管团队。团队担负着全市辐射安全监管和辐射反恐应急的重任。市环保部门建立了与公安部门会商的机制，对放射源进行了严管，开展了大量辐射保障和反恐应急工作，能够及时、快速启动应急响应。

一、放射源管理

在风险评估、科学论证的基础上，辐射安全监管团队制订了“奥运辐射安全保障工作方案”，明确了对全市涉源单位分门别类地采取“停、管、限”和对放射性同位素进行集中封存的特殊措施，又根据放射源危险程度、使用特点以及地理位置、敏感性，将全北京市涉源单位分成奥运场馆周边、教学科研、医疗卫生、γ探伤、辐照装置等 7 类，分别明确了奥运期间的特殊管理要求。

2007 年 8 月起，停止新的涉源单位的审批；继续加大闲置废旧放射源的收贮力度，使涉源单位和放射源的数量得到有效压减。

在奥运会开幕前，市、区两级环保和公安部门共同召开会议，贯彻落实“停、管、限”措施，逐户签订安全责任书。通过此项工作，使奥运“百日”期间 2/3 以上的涉源活动停止进行，奥运场馆周边仅有 5 家单位继续从事辐射工作，涉源活动得到有效压减，最大限度地降低了安全风险；以医疗机构为主的 118 家单位的涉源活动在采取特殊管控措施的基础上，经特别许可后继续开展，保障了国计民生。

不继续使用的放射源全部集中封存，并进行安全处置。集中将部分废物运送至京外废物处置场，消除安全隐患。

奥运“百日”期间，辐射处、辐射监察队联合市公安局共检查涉源单位 232 家，其中对奥运场馆重要设施周边 18 家以及奥林匹克中心控制区范围内的 14 家涉源单位实施了 3 轮专项检查，对奥运期间继续辐射活动的单位检查了 2 轮，会同区县环保局检查涉源单位 183 家，督促涉源单位做好内部管理，保证了辐射安全的万无一失。

加强对放射源库的安全保卫措施，派专人负责监管，严格用源程序，加大监管力度，确保辐射安全。

二、应急备勤

市环保局是北京奥运会辐射反恐的主责部门。为适应北京奥运辐射安全保障的高要求，根据市环保局辐射反恐组织体系的特点，建立了三级应急指挥体系，有效地解决了对社会化反恐力量的指挥，实现接口明确、指挥顺畅。在风险评估、专家论证基础上，不断完善、优化应急预案，固化了应急实施程序，增强了应急预案可操作性。

2008年以来，先后组织应急培训1次，应急演练24次。对车载GR460巡检系统及车载辐射测量系统进行安装调试，并先后组织开展5次移动实验室、巡检车及应急监测仪器设备的使用培训。每日对值班备勤仪器设备、通信器材和车辆等进行检查。自7月1日起，市环保局辐射反恐应急队伍60人全部进入值班备勤状态，其中包括中国原子能院、中核清原公司2个处置组、30人；9台监测、处置车辆始终处于值班驻勤状态，一旦发生辐射事故和辐射恐怖袭击事件，能够立即出动；三处备勤分队多次拉动，均能做到5分钟内全员实装出动。

奥运期间加强行政值班，保证值班员随时在岗，及时接听电话、记录和处理各项事务，实行突发事件每日“零报告”制度。

三、辐射监测

2008年1月北京市辐射安全技术中心制定了北京赛区奥运重点目标辐射本底调查工作计划，并按照计划历时5个月对奥运场馆进行辐射本底调查，在场馆的重点部位、关键环节进行监测。共计完成51个重点目标900个监测点的辐射本底调查工作，包括31个竞赛场馆、14个非竞赛场馆和6个重点警卫饭店。其中一级重点目标16个，包括5个万人以上封闭型竞赛场馆、5个重点封闭型非竞赛场馆和6个重点警卫饭店；二级重点目标14个，包括11个万人以下封闭型竞赛场馆和3个非竞赛场馆；三级重点目标21个，包括15个开放型竞赛场馆和6个非竞赛场馆。并且完成了奥运重点目标辐射本底调查情况统计表和奥运重点目标辐射本底调查报告表。监测结果表明，所有奥运重点目标的γ辐射剂量率范围为 0.02～0.23 μSv/h，平均值±标准差为 0.106 μSv/h±0.023 μSv/h。

完成 31 个奥运场馆 121 个样品的石材γ 核素分析；51 个场馆 282 个房间 467 个点的室内空气氡浓度测量。

在涉奥场馆和重点核技术利用单位周围开展辐射环境和污染源监测，特别是在奥运主会场每天每 3 小时报告一次监测数据；从重点涉源单位中选取 16 家进行 24 小时在线自动连续监测。在奥运场馆周边建设辐射环境自动监测站 2 个、重点污染源周边建设辐射环境自动监测站 2 个、其他辐射环境自动监测站 7 个，对重点地区，采用一备一用的工作方式，保证数据获取率。自 2008 年 7 月 1 日—9 月 20 日，处理各类辐射自动监测数据 154.9 万余个。

为全面掌握电磁辐射环境状况，对 23 个有新改扩建基站的竞赛场馆的电磁辐射环境进行了监测。历时 2 个月，共布设 1 120 个监测点位，场馆内人员活动区域的电磁辐射功率密度值为 0.01～3.15 $\mu W/cm^2$。

四、信访处理

制定了《北京奥运期间电磁环境保护保障方案》，进一步明确奥运期间接待群众来电来访和外出监测的程序、原则，并整理资料以备查询。对咨询电话能当场解答的当场解答，不能当场解答的，在 3 日内给予答复；对监测诉求，在 3 日内安排现场监测。1—8 月，共处理信访咨询电话 104 人次，外出现场监测 11 次，投诉事项均得到及时妥善处理。

第五章　奥运环境质量监测

北京环境质量监测能力以北京申办奥运会为契机不断得到提升。2001 年，随着北京申办 2008 年奥运会的成功，北京市环境监测筹备、演练及技术支持工作也随即开始。在筹办奥运的过程中，北京市环境监测网络不断完善，空气质量日报、预报能力不断提高。特别是在 2008 年 4 月“好运北京”测试赛期间，针对机动车限行，北京市开展了大规模的空气质量综合立体观测，并进行环境效果评估，在国内尚属首次。同时，北京市建立了与周边省市的区域污染监测和预警体系。

奥运会、残奥会期间，北京市大气环境质量监测网络覆盖了 31 个奥运场馆，并辅以区域大气污染综合立体监测。精准的大气环境质量预报预警，保证了奥运会开幕式空气质量保障措施的成功。奥运会、残奥会期间，空气质量监测、预报与评估工作取得的大量数据，为北京市今后制定大气污染防治措施以及在全国其他地区开展区域污染防治工作提供了借鉴和科学依据。

第一节　奥运监测能力建设

一、环境监测能力建设

1990 年亚运会后，北京提出申办 2000 年奥运会，开始筹建奥林匹克中心子站，该站于1992年8月建成投入运行，定为6号站。

2001年北京申办2008年奥运会成功，开始了环境监测筹备、演练及技术支持工作。2001年奥委会评估团来京考察期间，市环保监测中心在保证空气自动监测系统的正常运转、做好空气质量日报的基础上，与气象部门会商进行了空气质量预报工作，为奥运及后来的空气质量预报工作奠定了基础。

2005年7月，与意大利罗马大气研究所签订了包括奥运村大气环境监测子站、大气监测与校准车、应急监测车、污染源监测车的采购合同。

2007年3月，总投资2 140万元的北京奥运会场馆环境空气质量监测设备购置项目全部完成。

2008年6月，总投资263.14万元的北京奥运快速毒性监测仪器购置项目全部完成。6月18日，北京市环保局计财处和北京市环保监测中心共同组织了奥运保障现场监测仪器发放仪式，18个区（县）监测部门的代表参加了发放仪式，领到了配发的仪器、设备，接受了技术培训。标志着为确保绿色奥运而启动的北京市、区（县）两级环境监测能力建设项目（现场监测部分）圆满完成。

二、奥运会环境监测方案编制

2007年7月，监测中心编制完成了《2008年北京市第29届奥运会环境监测方案（征求意见稿）》。方案确定的奥运会环境监测范围包括：31个奥运会比赛场馆、奥运村和记者村、集中式地表和地下水饮用水水源地、城市河湖、市区主要宾馆饭店、敏感居住区等，以及重点监控污染源的范围和清单。为保证奥运会环境监测工作的顺利实施，方案还明确划分了市、区（县）级监测站的职责，制定了监测的组织保障和技术保障措施。

为做好奥运赛时环保工作，与北京奥组委工程与环境部进行了融合。成立了交通与环境保障组环保工作组，打破单位的界限，整合环保局系统的资源和力量，设立了 10 个运行团队，环境监测团队是其中之一。

为落实奥运环保承诺，提供技术支持，按市环保局统一要求，编制奥运场馆空气质量监测方案和日报预报发布方案。为做好“好运北京”测试赛的空气质量监测工作，市环保监测中心先后在顺义奥林匹克水上公园、北京国际雕塑公园、北京工业大学、朝阳公园沙滩排球场、中国农业大学摔跤馆、五棵松棒球场、石景山小轮车场、北京理工大学排球馆设立临时监测子站；利用监测车在八达岭、居庸关、昌平蟒山、工人体育馆、北京科技大学柔道馆开展了赛期空气质量监测；在测试赛车辆限行前后利用被动采样管对 40 个交通环境点连续开展了 3 次调查性监测；加强子站监视和数据出口管理，及时改版日报软件。建立统计预报模型，首次开展奥运六赛区的臭氧分区预报。

三、“好运北京”测试赛监测练兵

2008 年 4 月 20 日，“好运北京”国际马拉松测试赛在京举行。按照局领导关于对“好运北京”系列测试赛进行及时监测的要求，在西城区环保局的密切配合下，监测中心首次利用新改装的小型空气质量自动监测车，在比赛沿途进行了空气质量监测。监测中心赵越副站长、张红远和魏强将监测车开到预选监测现场，出色地完成了马拉松测试赛沿线空气质量的监测任务。

经国务院批准，2007 年 8 月 17—20 日，在“好运北京”体育赛事综合测试赛期间，北京市实施了机动车单双号行驶交通措施，每日停驶机动车约 130 万辆，以检验部分机动车停驶后空气质量改善的效果。在奥运场馆周边设置了临时空气质量自动监测子站，配置了流动监测车，基本上覆盖了 31 个比赛场馆和马拉松等比赛的路线区域。除加强地面常规监测外，组织中科院、北京大学等单位利用卫星遥感、铁塔垂直观测、光学遥测和飞机观测等手段进行空气质量立体综合观测。测试结果表明，与未限行的16日、21日相比，限行日大气中二氧化氮、一氧化碳和可吸入颗粒物的浓度平均下降了15%～20%，空气质量连续4天为二级，取得良好效果，为完善奥运空气质量保障措施和建立大气污染防治长效管理机制提供了重要依据。

此次空气质量测试采用了多项高科技手段。北京市除现有27个地面空气质量监测子站进行常规监测外，又在奥运赛场周边和公路自行车比赛路段增设了7个监测子站。中国科学院、北京大学等单位还采用了卫星遥感、铁塔垂直观测、光学遥测和飞机观测等手段，对涉及交通污染的二氧化氮、一氧化碳、可吸入颗粒物等指标进行了多角度、多层次的系统观测。测试结束后，空气质量测试与评估工作组的专家们对获取的数据进行了认真分析、充分讨论、综合会商，形成了一致的空气质量测试效果评估意见。

针对机动车限行开展的空气质量测试工作，展开如此大规模的空气质量综合立体观测与环境效果评估，在国内尚属首次。此次测试工作充分发挥了首都科技、人才、技术设备集中的优势，取得了宝贵的科学数据，不仅对于修改完善“第29届奥运会北京空气质量保障措施”提供了科学依据，同时对建立城市环境保护管理长效机制具有借鉴意义。

四、建立区域污染监测和预警体系

2008年，为全面、及时、准确地反映奥运会期间空气质量状况和指导各项污染控制措施的实施，根据《国务院关于第29届奥运会北京空气质量保障措施的批复》“要加强空气质量监测和信息发布工作，建立区域污染监测和预警体系。北京市与周边省、区、市实施空气质量监测数据通报、预警和信息共享机制，掌握区域污染传输与演变过程，为污染分析提供支撑。”北京市整合首都科技资源，成立了由主管副市长任组长，中国科学院、北京大学、清华大学等科研单位和气象部门等组成的工作组，负责组织、协调空气质量监测、预测与评估工作。聘请 12 位国内外知名专家组成专家顾问组，进行技术指导和评估。组织运用世界最先进的科技监测手段，开展空气质量立体监测、观测。除 27 个常规地面监测站之外，在北京奥运场馆周边、公路自行车赛等比赛路线区域设置了 18 个临时监测子站，形成了覆盖 31 个比赛场馆和马拉松等露天比赛路线区域的奥运环境监测体系。利用卫星遥感、激光雷达等世界尖端的大气环境质量监测技术和设备，在北京市、天津市、河北省进行区域大气污染综合立体监测，为及时启动应急措施和保障赛事活动提供了科学依据。

2008 年 1 月国际奥委会从保障运动员健康的角度出发，关注奥运会期间各比赛场馆尤其是 6 项室外耐力比赛场地（城市公路自行车赛、山地自行车赛、马拉松长跑、马拉松游泳、铁人三项全能赛和竞走）的空气质量状况。2007 年 8 月北京空气质量分析结果显示，这些赛场的空气质量是面临一定风险的。国际奥委会医疗委员会与市环保局多次开会磋商，一是要求北京市自 2008 年 7 月 27 日奥运村开村起，提供 27 个监测站 SO_2、NO_2、PM_{10}、CO 的详细监测数据，并尽可能多地提供臭氧监测数据。二是要求每日 18:00 获得重点关注地区空气质量 24 小时预报。三是要求北京市向运动员及其他利益相关方公布各站各项污染物监测数据。国际奥委会重点是通过专家对监测数据和预报进行分析，以判断比赛期间空气质量是否适宜运动员比赛。

为保障运动员身体健康，保证比赛正常进行，环境保护部、北京市、天津市和河北省政府经过科学研究，共同制定了《第 29 届奥运会北京空气质量保障措施》及“北京奥运会残奥会期间极端不利气象条件下空气污染控制应急措施”。为确保该措施落实到位，市政府将奥运前综合治理措施纳入《北京市第十四阶段控制大气污染措施》，尽最大努力改善奥运会期间的空气质量。

2008 年 5 月 28 日—6 月 1 日，市监测中心在京津塘高速路大洋坊收费站进行了针对危险化学品事故性泄漏方面的“奥运期间城市道路交通事件综合演练”。

按照市环保局的要求，从6月15日开始，进入奥运服务运行程序，即每天报出27个子站和奥运场馆周边子站的5项污染物的小时报告和日报，颗粒物组分和粒径日报；每天下午报出未来72小时的可吸入颗粒物和臭氧的分区预报；每天上午报出未来36小时的可吸入颗粒物和臭氧的分区预报。

为了对北京奥运会期间的空气质量进行科学、系统的监测和预报，评估、总结空气质量保障措施的环境效果，为奥运空气质量保障措施的实施提供参考，联合中科院、北大等科研单位，从6月1日开始至9月30日，在现有的27个常规观测站和18个奥运场馆临时观测站的基础上，采取铁塔观测、飞机航测、激光雷达、卫星遥感反演等先进科技手段，进行区域大气污染综合立体观测（天津、河北重点地区布点12个）。与中科院大气物理所共同组成了空气质量预报工作组，建立了多模式集合预报系统。

五、国家领导人考察环境监测工作

2008年6月12日，时任中央政治局常委、国家副主席习近平来到监测中心监控大厅视察北京市环境空气质量工作。习近平强调，做好奥运赛时确保交通顺畅、空气达标、食品安全工作，既要发挥社会主义制度的政治优势，又要发挥科学技术的力量。现在北京市同世界上许多现代化城市一样，不仅依托卫星遥感、激光遥测等先进技术装备，建立了空气质量自动监测系统，而且构建了覆盖全市的监测网络，还有整合首都各方面力量共同监测的良好机制。在确保食品安全方面借助现代科技和信息手段，构建了奥运食品安全追溯体系、违禁药物控制和检测网络。他要求在奥运筹办最后关键阶段，一定要充分发挥这些技术设施的监测、预报和评估、保障作用，把奥运交通顺畅、空气达标、食品安全建立在更加科学可靠的基础之上。

中央和市委、市政府对北京市环保工作给予高度的重视和极大的支持，先后到北京市环境保护监测中心视察奥运空气质量保障工作的党和国家领导人还有王岐山、刘延东等。环境保护部周生贤、张力军、吴晓青等部领导多次主持召开六省区市协调会议，协调、督促六省区市加快落实奥运空气质量保障措施，检查、指导保障措施落实等具体工作。刘淇、郭金龙等市领导，组织认真研究大气污染控制措施、奥运会残奥会期间极端不利气象条件下空气污染控制应急措施。

第二节　奥运场馆大气环境质量监测

奥运会、残奥会期间，北京市大气环境质量监测以 27 个常规监测子站为主，同时在奥运场馆附近设置了若干临时监测子站，并辅以区域大气污染综合立体监测。

一、大气环境质量常规监测

全市 27 个自动监测子站对 SO_2、CO、NO_2、PM_{10} 等四项污染物进行 24 小时连续自动监测，及时反映全市及各区县的空气质量。按照国家环保部的要求，在东四、昌平等区域对 O_3 进行了在线监测。

二、奥运会场馆大气质量监测

为准确掌握奥运会期间各比赛场馆周围局地大气环境质量状况以应对可能出现的不利局面，监测中心在奥运场馆增设了大气环境质量临时监测站，覆盖了 31 个奥运场馆所在地。同时，在公路自行车、马拉松、竞走等赛事沿途布设了流动监测子站（图 5-1、图 5-2）。

图 5-1　奥运场馆大气环境质量监测车

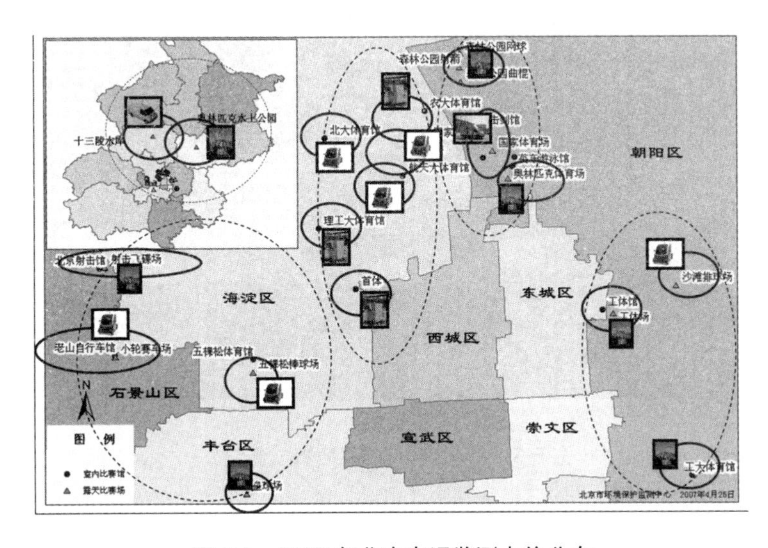

图 5-2　2008 年北京奥运监测点位分布

三、区域大气污染综合立体监测

为全面监测和分析奥运会期间的大气环境质量，在充分利用环保系统监测资源的基础上，组织中国科学院、北京大学等科研单位采取铁塔观测、飞机航测、激光雷达、卫星遥感反演等先进科技手段进行区域大气污染综合立体观测（天津、河北重点地区布设地面站 12 个）。其中卫星遥感分析用于观测“好运北京”测试赛和奥运会、残奥会期间北京及周边地区上空中 NO_2、颗粒物等污染物浓度，以帮助判断环境效果；飞机观测北京上空气态、颗粒物污染物浓度及空间分布；用铁塔观测北京城市大气边界层内氮氧化物等污染物的垂直分布；用激光雷达观测北京大气边界层颗粒物浓度的垂直分布（图 5-3）。

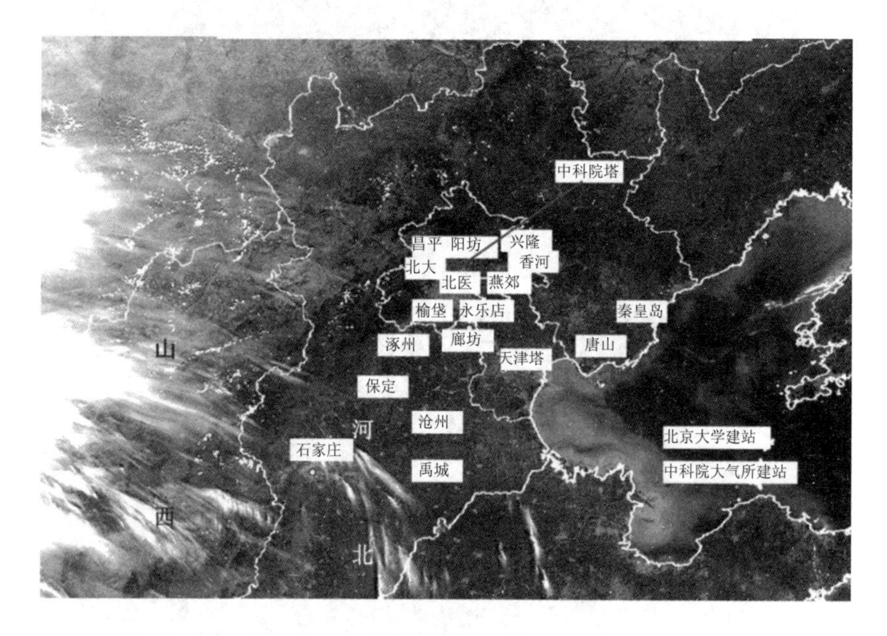

图 5-3　奥运空气质量协作监测点位

四、大气环境质量报告

从 2008 年 6 月 15 日开始，市环保监测中心进入奥运服务运行阶段，即每天报出 27 个子站和奥运场馆周边子站的 5 项污染物的小时报告和日报，颗粒物组分和粒径日报；每天下午报出未来 72 小时的可吸入颗粒物和臭氧的分区预报；每天上午报出未来 36 小时的可吸入颗粒物和臭氧的分区预报。与中科院大气物理所共同组成了空气质量预报工作组，建立了多模式集合预报系统。在奥运期间，会同有关部门每日上、下午进行会商，采用多模式集合预报方式，对第二日和中长期大气环境质量状况进行分区域、分时段滚动预测预报，为国际奥委会体育赛事的调整和变更提供了科学数据，为成功举办奥运会和实现奥运承诺提供了技术支持（图 5-4）。

图 5-4　市环保监测中心进行奥运环境质量预报日报

五、奥运会大气环境质量评估

2008 年 8 月 3 日，奥运大气环境质量监测预报与评估第二次工作会议在京召开，专家会商后一致认为，北京奥运会空气质量保障措施实施以来环境效果明显。美国 OMI 卫星获得的卫星遥感图像数据和地面监测数据均显示，7 月北京市大气中 NO_2 浓度呈现连续稳定的下降趋势，较 6 月措施实施前约下降 40%；地面和铁塔监测数据显示，7 月大气中炭黑浓度显著降低，较 6 月约下降 10%；CO 和 SO_2 浓度也有不同程度的降低，较 6 月分别下降了约 30%和 20%。

奥运会期间（8 月 8—24 日），环境空气中的 SO_2、可吸入颗粒物、CO、NO_2 等主要污染物日浓度平均为 0.008 mg/m^3、0.057 mg/m^3、0.8 mg/m^3、0.023 mg/m^3，与 2007 年同期相比，分别下降 46.7%、53.7%、42.9%、57.4%，总体下降约 50%。17 天中，SO_2、CO、NO_2 日浓度平均值达到世界发达城市水平；可吸入颗粒物浓度达到了世界卫生组织环境空气质量指导值第三阶段目标值（0.075 mg/m^3），远低于承诺指标，完全兑现了奥运空气质量承诺。

2008 年 9 月 26 日，奥运大气环境质量监测、预报与评估工作总结会召开。承担奥运大气环境质量监测、预测与评估工作任务的中国科学院、北京大学、清华大学、中国气象科学研究院、中国环境科学研究院等 10 个工作组分别总结了有关工作情况。与会专家一致认为：连续多年大气污染综合治理措施和奥运空气质量保障措施的实施，产生了显著的环境效益，加之较有利的气象条件，奥运期间北京市大气污染物排放量大幅度削减，污染物累积速率明显减缓。监测结果表明，主要污染物环境浓度比 2007 年同期显著降低，总体下降约 50%。通过对美国卫星遥感数据解析与反演，也显示了相同的结果。专家组建议，要充分重视奥运空气质量监测、预报与评估工作取得的大量宝贵数据，应当进一步进行科学、深入的分析，为北京市今后制定大气污染防治措施以及在全国其他地区开展区域污染防治工作提供借鉴和科学依据。

事实胜于雄辩。在各国运动员与媒体记者的亲身感受下，国际社会对北京空气质量的忧虑逐渐消失，越来越多的西方媒体由“怀疑和挑剔”转为为北京鼓掌、喝彩。国际奥委会主席罗格感慨表示，中国政府已经采取了所能做的一切可行且人性化的措施来解决环境问题，所做出的努力是非凡的；在奥运会历史上，从来没有哪个主办城市像北京这样，将奥运会作为改善环境质量的一个重要契机。联合国副秘书长兼联合国环境规划署执行主任阿齐姆·施泰纳盛赞北京在改善环境方面取得了巨大成绩，认为空气质量超过了北京为自己设定的标准。国际奥委会医疗部主任沙马什先生高度赞扬奥运会期间的空气质量保障工作：没有一个国家和地区的运动员向他们抱怨空气质量有问题，包括特别挑剔的澳大利亚、加拿大、英国等国的运动员；国际奥委会在奥运会期间没有召开过一次讨论空气质量问题的会议。在事实面前，国际社会对北京和奥运会的看法越来越客观，越来越多的外国运动员对北京空气质量表示满意，当年 3 月因担心空气质量不好会影响哮喘病复发而宣布退出比赛的马拉松世界纪录保持者、埃塞俄比亚名将格布雷塞拉西，经来京切身体会后，对路透社记者表示后悔退赛。

国际社会对北京奥运会期间空气质量保障的赞许，是对北京奥运会空气质量保障成功的最好诠释。北京奥运会空气质量保障成功，不仅为中国政府树立了光辉的形象，而且对于北京环保事业更具里程碑的意义。

北京市环境保护监测中心全体干部职工经过 7 年的艰辛努力，兑现了对于奥运空气质量作出的 3 项承诺，诠释了“绿色奥运”理念，圆满完成了各项环境监测，实现了北京的空气质量逐年改善，奥运期间空气质量天天达标，为奥运会残奥会呈现了一份满意答卷，被中共中央、国务院授予“北京奥运会残奥会先进集体”。

第三节 开幕式前夕预报预警

20 世纪 90 年代，在北京市环境保护局的支持下，北京市环境保护监测中心就展开了空气质量预报业务的研究工作，为空气质量预报的开展提前进行准备。1999—2001 年，在北京市科委的支持下，监测中心率先在全国开展《北京市城近郊区空气质量预测预报技术研究》的科研项目，进行预报技术的储备，并在内部开展空气质量试预报工作（图 5-5）。

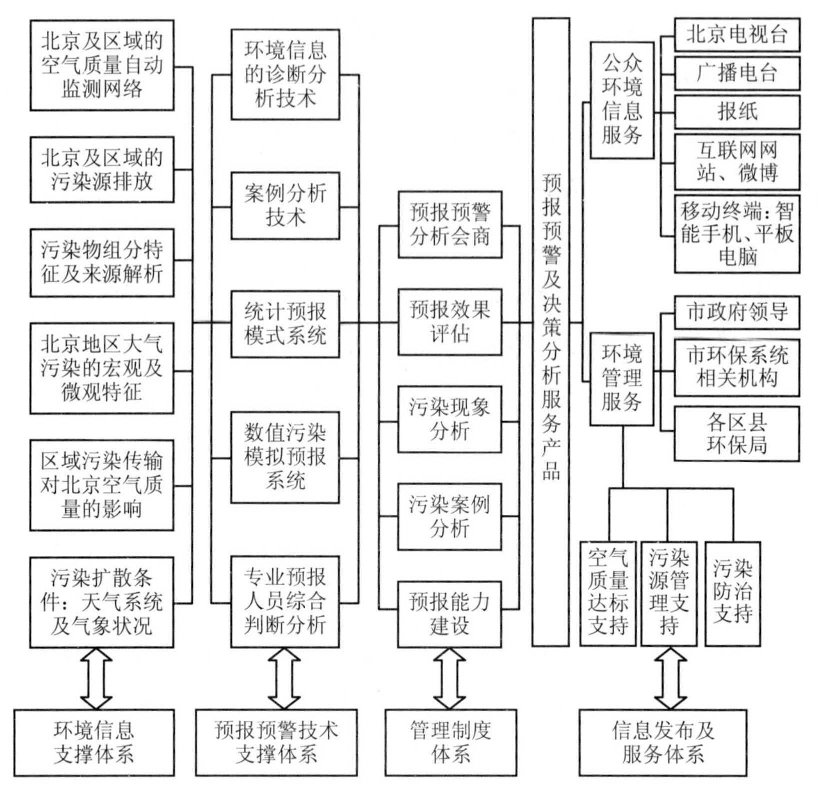

图 5-5　北京市空气质量预报预警业务的总体技术框架

第 29 届夏季奥运会的开幕式定在 2008 年 8 月 8 日，但开幕式期间，北京市出现了不利于污染物扩散的天气形势。6—8 日，北京 500 hPa 高空处于副热带高压控制；8—9 日，副高压继续东移，影响范围已经到西太平洋，北京处于高空槽前。与高空背景场相联系，北京 6—7 日地面主要受副高后部气压场控制，到 8—9 日，随着副高的东移及高空槽的东移，北京地面处于低压辐合区控制。这种天气形势属于典型的较不利于污染物扩散的天气类型。从气象要素场来看，8 月 6—9 日白天，地面气压始终处于快速下降状态；地面温度持续上升；相对湿度较高，日平均大约为 70%，上午的相对湿度达到约 90%；从风场分析，风速虽逐日有所上升，但风向维持稳定，基本为偏东偏南风。

由于气象条件较为不利，地面温度较高，近地面层湿度较大，风向以偏东偏南风为主，风速一般，上午有轻雾，天气湿热，大气污染扩散条件较差，导致北京地区的污染物出现较为明显的积累，虽然在机动车单双号行驶等减排措施作用下污染物积累速度变缓，但污染物浓度仍呈上升趋势。

8月6日，综合各种预报技术，经过空气质量预报会商讨论，北京市环保监测中心得出8月7—8日开幕式期间污染物浓度呈现上升趋势，开幕式8月8日的空气质量为三级轻微污染的预报结论，并将此预报会商结果上报市政府相关部门。

根据空气质量预报预警，8月7日，环保部、北京、天津、河北等省市启动了空气质量保障应急措施，在100%落实奥运期间空气质量保障措施的基础上，全力以赴，进一步加大污染减排措施。

8月8日上午10点左右，污染物排放与扩散条件达到一定平衡，各项污染物浓度基本稳定、未继续上升，最终8日的空气质量达到二级良，空气质量达标，圆满完成奥运开幕式的空气质量保障任务（表5-1）。

表5-1　2008年8月1—12日北京及周边城市空气质量（API）统计

日期	北京	太原	石家庄	天津	济南
2008-08-01	27	39	46	34	64
2008-08-02	34	57	57	38	64
2008-08-03	35	61	73	57	70
2008-08-04	83	64	77	66	60
2008-08-05	88	69	66	63	62
2008-08-06	85	64	81	68	85
2008-08-07	95	56	68	77	81
2008-08-08（奥运开幕式）	94	58	76	85	76
2008-08-09	78	59	84	84	75
2008-08-10	82	32	56	81	73
2008-08-11	37	36	57	55	56
2008-08-12	32	53	55	28	77

区域性污染监测情况表明，北京及周边城市 8 月 1—3 日空气质量较好；4—10 日，区域内空气污染明显加重，其中以北京的加重最为明显，API 指数从 3 日的 35 迅速升到 4 日的 83；7—8 日北京的 API 指数分别为 95、94，为指数最高时期，空气质量维持在了二级良水平。

第四节　奥运场馆水环境质量监测

奥运水环境监测工作目标是及时、准确地表征 2008 年第 29 届奥运会、残奥会期间北京市和奥运会主要比赛场馆、环境敏感目标周边地表水环境质量状况，及时发布北京市和奥运场馆区域的水环境质量，满足奥运会和公众对环境质量信息的需求，为管理部门提供技术支持。

奥运会赛前监测时段为 2007 年 7 月 1 日—2008 年 7 月 24 日。

奥运会期间监测时段为 2008 年 7 月 1 日—2008 年 9 月 20 日,共计 82 天。

一、地表水环境质量监测

1. 监测范围

在全市地表水例行环境监测工作的基础上，在奥运会期间重点监测:①奥运会水上运动项目赛场水域。顺义奥林匹克水上中心竞赛水域、昌平铁人三项赛赛场竞赛水域（十三陵水库）。②环境敏感水域。奥体中心区奥运森林公园景观水域、朝阳公园水域。

2. 监测点位

（1）奥运会水上运动项目场监测点位

奥运会铁人三项赛场——十三陵水库：在水库坝前沿游泳路线设置 3 个监测点。皮划艇赛场——潮白河马坡段奥运水上公园：分别在皮划艇比赛区、赛前准备区及单人划桨区各设置 1 个监测点位。

（2）环境敏感水域监测点位

依据《地表水和污水监测技术规范》（HJ/T 91—2002），分别在奥体中心区奥运森林公园景观水域、朝阳公园水域选择城市河湖的例行监测点位为重点水域的监测点位（图 5-6）。

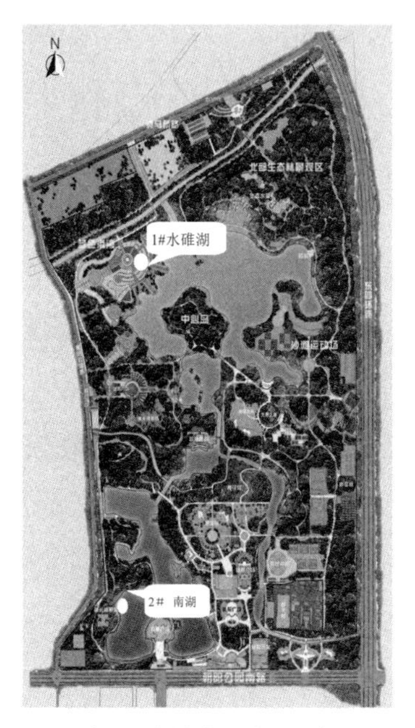

（a）朝阳公园湖监测点位示意图

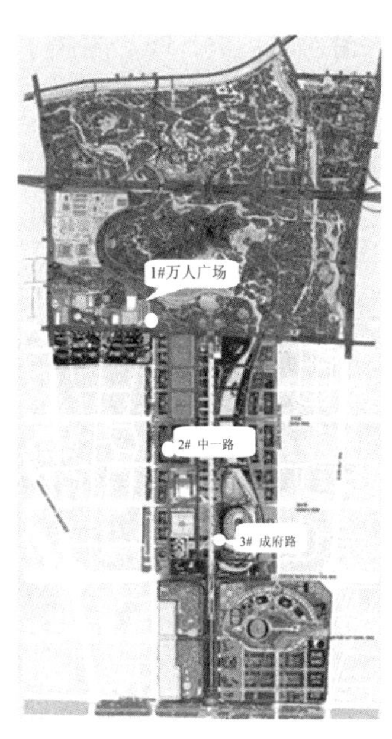

（b）奥运湖监测点位示意图

图 5-6　重点水域监测点位

3. 监测项目

（1）奥运会水上运动项目场水质监测项目

依据《地表水环境质量标准》和奥运会水上运动项目水质要求，确定水上运动项目场所水质监测项目共计 26 项：水温、pH、电导率、溶解氧、高锰酸盐指数、化学需氧量、生化需氧量、氨氮、挥发酚、石油类、氟化物、氰化物、砷、汞、六价铬、铅、镉、铜、锌、阴离子洗涤剂、透明度、叶绿素 a、总磷、总氮、大肠杆菌、肠球菌；其中重点监测项目 7 项：pH、水温、透明度、溶解氧、高锰酸盐指数、氨氮、叶绿素 a。

（2）环境敏感水域水质监测项目

依据《地表水环境质量标准》，确定环境敏感水域水质监测项目共计 24 项：水温、pH、电导率、溶解氧、高锰酸盐指数、化学需氧量、生化需氧量、氨氮、挥发酚、石油类、氟化物、氰化物、砷、汞、六价铬、铅、镉、铜、锌、阴离子洗涤剂、透明度、叶绿素 a、总磷、总氮；其中重点监测项目 7 项：pH、水温、透明度、溶解氧、高锰酸盐指数、氨氮、叶绿素 a。

4. 监测频次

2008 年 7 月 10 日前，市监测中心和区县监测站同步对奥运会水上项目赛场、奥森公园景观湖奥运湖、朝阳公园湖进行一次一般监测项目的采样分析。

奥运会期间，由区县监测站对水上运动项目赛场、奥森公园景观湖、朝阳公园湖等各监测点的重点监测项目开展监测，市监测中心也不定期抽测（表 5-2）。

表 5-2　地表水水质重点监测项目的监测频次

监测水域	监测时段	监测频次
奥运水上公园	2008 年 8 月 6—23 日	每日一次
	其他时间	每周一次
十三陵水库	2008 年 8 月 16—19 日	每日一次
	其他时间	每周一次
奥森公园景观湖、朝阳公园湖	2008 年 7 月 1 日—9 月 20 日	每周一次

5. 监测结果报告

在赛时监测时段，采用专项报告制度。监测数据的报告时间见表 5-3。

表 5-3 监测结果报告时间

监测水域	监测时段	报告时间
水上运动项目场水质	比赛时段	当日 16：00 前
	其他时间	每周五 16：00 前
奥森公园景观湖、朝阳公园湖	2008 年 7 月 1 日—9 月 20 日	每周五 16：00 前

二、集中式饮用水水源地水质监测

1. 监测范围

集中式地表水饮用水水源地的监测范围，见表 5-4。

表 5-4 集中式地表水饮用水水源地水质监测

序号	水源地名称	所在区县
1	密云水库	密云
2	怀柔水库	怀柔
3	京密引水渠	密云、怀柔、顺义、昌平、海淀
4	团城湖	海淀
5	三家店水库	门头沟

集中式地下水饮用水水源地的监测范围包括水源一厂、二厂、三厂、四厂、五厂、七厂、八厂。

2. 监测点位

依据《地表水和污水监测技术规范》（HJ/T 91—2002），设置集中式地表水水源地水质监测点位，见表 5-5。

依据《地下水环境监测技术规范》（HJ/T 164—2004），在水源一厂、二厂、三厂、四厂、五厂、七厂、八厂取水井区设置监测井位。

表 5-5　集中式地表水饮用水水源地水质监测点位

序号	水源地名称	监测点位名称
1	密云水库	白河主坝、潮河主坝、内湖、库东、库西、恒河
2	怀柔水库	库中、峰山口、隧洞
3	京密引水渠	调节池、西庄桥、桥梓桥、上苑、昌平桥、白虎涧、西赵各庄桥、青龙桥
4	团城湖	湖中
5	三家店水库	坝前

3. 监测项目

（1）集中式地表水饮用水水源地监测项目

水质自动监测站监测项目为：水温、pH、电导率、浊度、高锰酸盐指数、氨氮共 6 项。

手工监测项目为：水温、pH、电导率、溶解氧、高锰酸盐指数、化学需氧量、生化需氧量、氨氮、挥发酚、石油类、氟化物、氰化物、砷、汞、六价铬、铅、镉、铜、锌、阴离子洗涤剂、硫酸盐、氯化物、硝酸盐、铁、锰、硫化物、硒、粪大肠菌群共 28 项。其中，pH、高锰酸盐指数、挥发酚类、氰化物、砷、汞、六价铬等为重点监测项目。同时增加对密云水库水质毒性的发光细菌法测试。

（2）集中式地下水饮用水水源地监测项目

集中式地下水饮用水水源地手工监测项目为：总硬度、氯化物、硫酸盐、硝酸盐氮、亚硝酸盐氮、氨氮、溶解性总固体、高锰酸盐指数、砷、汞、六价铬、挥发酚类、氰化物、细菌总数、总大肠菌群共计 15 项。其中，硝酸盐氮、高锰酸盐指数、挥发酚类、氰化物、砷、汞、六价铬等为重点监测项目。

4. 监测频次

在实施的各阶段，均保证地表水环境自动监测网络系统稳定运行。

在赛前监测时段，各监测断面（点）手工监测项目每月进行一次。

在赛时监测时段，集中式地表水饮用水水源地各监测断面（点）pH、高锰酸盐指数、挥发酚类、氰化物、砷、汞、六价铬等重点监测项目每日监测一次；集中式地下水饮用水水源地各监测井硝酸盐氮、高锰酸盐指数、挥发酚类、氰化物、砷、汞、六价铬等重点监测项目每周监测一次（表 5-6）。

表 5-6　集中式饮用水水源地监测频次

时段	时间	集中式地表水饮用水水源地	集中式地下水饮用水水源地
赛前监测时段	2007 年 7 月 1 日—2008 年 7 月 24 日	每月一次	每月一次
赛时监测时段	2008 年 7 月 25 日—9 月 20 日	每日一次	每周一次

5. 监测结果报告

在赛时监测时段，采用专项报告制度，报告集中式地表水、地下水饮用水水源地水质达标情况。发现问题时，增加监测密度与报告（表 5-7）。

表 5-7　监测结果报告时间

监测水域	监测时段	报告时间
赛前监测时段	2008 年 7 月 8 日—8 月 8 日	每周报告一次
赛时监测时段	2008 年 8 月 8 日—9 月 24 日	每日报告一次

三、监测结果分析

1. 奥运水上项目水质状况

监测结果显示，奥运会赛前和赛时监测时段，奥运水上公园各常规指标的浓度值现状均为Ⅱ类，水质基本良好，符合国家《地表水环境质量标准》（GB 3838—2002）和奥运会组委会环境活动部“国际铁联铁人三项竞赛手册”中对水质的要求。

十三陵水库各常规指标的浓度值现状均为Ⅱ类，水质良好，符合国家《地表水环境质量标准》（GB 3838—2002）和奥运会组委会环境活动部“国际铁联铁人三项竞赛手册”中对水质的要求。

2. 环境敏感水域水质状况

监测结果显示，奥运会赛前和赛时监测时段，朝阳公园水域中，1#水碓湖各项指标均达标，符合其Ⅳ类水质目标要求；2#南湖高锰酸盐指数水质类别为Ⅴ类。朝阳奥运森林公园景观水域各项指标均达标，符合其水质目标要求。

3. 集中式饮用水水源地水质状况

（1）地表饮用水水源地

监测结果显示，奥运会赛前和赛时监测时段，密云水库、怀柔水库、京密引水渠、团城湖、三家店等各地表水饮用水水源地水质保持稳定，均符合国家《地表水环境质量标准》（GB 3838—2002）中对集中式生活饮用水地表水水源地一级保护区（Ⅱ类水体）的相关要求。密云水库发光细菌监测结果也均为正常。

（2）地下饮用水水源地

监测结果显示，奥运会赛前和赛时监测时段，市集中地下水饮用水水源地一厂、二厂、三厂、四厂、五厂、八厂 6 个水厂的 6 口抽测井现状水质完全符合《地下水质量标准》（GB/T 14848—93）对饮用水Ⅲ类水体的要求。

4. 主要结论

监测结果显示，城市集中式地表饮用水水源地和地下饮用水水源地水质良好，完全符合国家相关水质标准要求；奥运水上项目场和环境敏感水域水质也基本符合国家地表水和国际铁联水质要求。

第六章　奥运环保宣传教育

奥运举办前后，北京市环境宣传教育抓住申办、筹办“绿色奥运”这一难得的机遇，创造性地开展工作，舆论引导能力大幅度提升，公众参与环境保护的渠道和形式更加丰富，全社会关心、支持、参与环境保护的氛围初步形成。国家统计局北京调查总队 2009 年度公众对城市环境保护满意率调查结果表明，公众对北京市环保宣教工作的满意率达 86.66%，居六项调查之首。

第一节　新闻发布

一、境内媒体环保宣传

2001 年，为推动北京市成功申办 2008 年奥运会，全市以“绿色北京，绿色奥运”为环保宣教主题，加强宣传北京市生态保护和环境建设取得的成就和规划，组织媒体采访报道绿色奥运创建活动典型，批评曝光破坏生态、污染环境的违法现象。申奥成功后，全市环保宣传工作紧紧抓住筹办、举办奥运会的历史机遇，围绕全市环保中心工作，以奥运环境保障和防治大气污染为重点开展宣传报道。

2006 年 11 月初，中非论坛北京峰会期间，为响应市政府号召，北京多家车友会、大学生团体、民间环保组织以及市环保宣教中心共同发起了“奔向奥运，骑行北京——少开一天车在行动”活动。为支持民间环保行动，市环保局组织近 30 家新闻媒体进行了全面报道。据不完全统计，报纸、电视、广播、网站等媒体报道达 160 多篇次。《北京日报》《北京晚报》《北京晨报》等媒体均在头版头条进行了报道。北京电视台、北京人民广播电台自 10 月 27 日起即在黄金时段滚动播出主题宣传片。11 月 1 日，《北京晨报》设立专栏，利用一个整版，以“选择绿色出行，首都以你为荣”为标题，公布了 476 家倡议机构名单；《竞报》也将倡议机构名单刊登在奥林匹克专栏里。

2007 年，北京进入奥运测试、调整阶段。全市落实国务院关于奥运宣传的要求，围绕大气污染防治和“绿色奥运”开展媒体环保宣传工作。全年，组织新闻记者采访活动 37 次，以大气污染防治工作取得重大进展、北京生态环境质量逐步改善为主线，重点报道了整治违法排污企业专项行动、世界环境日和“好运北京”奥运测试赛、好运北京系列赛期间的空气质量测试、油气回收治理、20 t 以下燃煤锅炉完成改造、3 万户平房居民实现“煤改电”、完成全年空气质量改善目标等。全年接待国内媒体采访 135 批次；参加 12 次广播电视和首都之窗直播录播节目；中央媒体和市属媒体发稿量超过 1 900 篇（条），外省市媒体转载报道超过 500 次。反映首都环保工作进展的新闻报道出现在各类报纸类媒体的头版头条或头版导读位置的达 130 多条。此外，全年共刊播报纸类环保专版、大篇幅深入报道和电视专题节目 120 多篇（条）。

2008 年，全市环保宣传工作围绕北京奥运会、控制机动车污染等重大新闻宣传主题，重点组织了与奥运空气质量保障有关的“第十四阶段控制大气污染措施”“奥运会、残奥会本市空气质量保障措施”“奥运会、残奥会期间交通保障措施”等政府通告的新闻宣传，以及对油气回收工程、污染源调查等的专题采访，详细解读了通告内容，并加强了治理污染、改善民生的宣传。

2008 年 7 月 1 日是北京市执行奥运交通保障措施的第一天。凌晨，市环保局组织境内主要媒体记者 20 余人前往进京路口，对零时开始执行的各项交通保障措施进行现场报道，利用 7 月 1 日这个时间节点，对措施的顺利实施营造有利的舆论氛围。7 月 29 日，市环保局组织中央电视台、新华社、中央人民广播电台等境内媒体与境外媒体一起到市公交总公司实地参观采访北京建设“绿色公交”的情况，向世界展示北京绿色奥运。根据市气象台预报，8 月 8 日奥运会开幕当天是持续静稳型天气，温度高、湿度大，气象条件不利于污染物扩散。8 月 7 日晚，市环保局紧急召开全系统动员会，连夜在本市全面启动空气质量保障监管应急预案，同时，迅速研究部署宣传方案，整理汇总各类宣传口径材料，应对多方媒体咨询和各类新闻发布活动。8 月 8 日早，组织新闻媒体记者跟随市工业污染检查团前往首钢等工业企业进行实地采访报道，并将全市开展的工业、餐馆油烟、机动车等各项污染源执法检查数据材料，整理成新闻素材传送各大媒体，为开幕式当天的环保宣传做好了充分准备。奥运前后，市环保宣传中心在北京电视台《北京空气质量播报》节目中共编播《绿色奥运》系列宣传片 40 余期。

奥运会举办月，北京奥运会环境保障工作获得了国际奥委会主席罗格先生、联合国环境规划署执行主任施泰纳先生和国际社会的普遍赞誉。因忧虑北京空气质量可能影响其身体而放弃比赛的著名马拉松运动员格布雷塞拉西面对媒体表示非常后悔；因怀疑北京空气质量而携带口罩来京的美国运动员通过媒体向中国集体道歉，对此，国内各大媒体均予以广泛宣传。据不完全统计，全年市环保局参加市政府新闻办、奥运新闻中心举办的新闻发布会 29 次，组织新闻发布会及境内外记者集体采访 43 次，接待境内记者采访 183 批次，参加各类媒体直播节目 28 次。向中央、市属各主要新闻媒体发布新闻通稿 43 篇，各媒体刊发新闻稿件 1 700 余篇，其中在主要媒体重要栏目位置报道 700 余篇，包括报纸类媒体如《新华每日电讯》《人民日报》《中国环境报》《北京日报》《北京晚报》《北京青年报》《新京报》等都多次在一版报眼、头条，或在一版导读等重要位置刊登报道。广播电视媒体如中央电视台的《新闻联播》《东方时空》《面对面》《新闻会客厅》等名牌栏目，中央人民广播电台《全国新闻联播》《新闻与报纸摘要》等具有全国影响力的栏目，北京电视台《北京新闻》、北京电台新闻广播的《北京新闻》、北京电台的交通广播《交通新闻》等，互联网如新华网、人民网、中国广播网、首都之窗、千龙网等都采写报道了有关新闻专题。

奥运会后，全市环保宣传工作以宣传环境保护在建设生态文明、绿色北京和构建和谐社会进程中的重要地位和作用，保护环境的法定义务，推动全社会参与为宗旨。

二、境外媒体环保宣传

1991—1998 年，境外媒体对北京市的环境状况关注不多。1998 年 11 月，北京宣布申办 2008 年第 29 届奥运会以后，境外媒体对北京的环境状况，特别是北京空气质量状况的关注度迅速升高。2000 年，市环保局全年接待境外记者采访 8 次。来自德国、日本、澳大利亚、新加坡、越南、哈萨克斯坦等国家的记者纷纷到市环保局听取介绍，并参观一些环保设施。澳大利亚《悉尼先驱晨报》驻京记者表示，他更关心北京的环境问题，每天都在留意媒体上公布的北京空气质量指标。德国《外贸信息报》的记者表示，由于政府方面加大了治理力度，北京市的环境状况正在逐步向好的方向发展，但在公民环保意识建立等方面还需加强。

申奥成功后，随着奥运的临近，全市环保工作特别是防治大气污染工作情况和奥运空气质量等越来越成为境外媒体关注的焦点，市环保局接待境外媒体采访的任务持续加重。2007 年，全年共接待境外媒体及港台媒体记者采访 71 批次、230 多人次。是 2006 年度的近 5 倍。来访记者来自 10 多个国家和地区的 60 多家媒体，多为世界主流媒体的资深记者、制片人或驻京首席记者，如美国的《华尔街日报》《时代周刊》《纽约时报》、美国广播公司（ABC）、美国有线电视新闻国际广播公司

（CNN）、美国国家广播公司（NBC），英国广播公司（BBC）、英国的探索频道，日中国际经济通信社、东京电视台、《朝日新闻》，加拿大广播公司，法国电视一台、法国国际广播公司，德国新闻协会，瑞士电视台，巴西环球电视网，中国香港的《南华早报》，奥地利国家广播电视台、新加坡和马来西亚的媒体等。2008 年，据不完全统计，市环保局共接待来自 20 多个国家和地区的 100 多家媒体、190 多批次、1 400 多人次记者采访。

北京奥运会的环境安全一直是海外媒体关注的热点，北京空气质量更是被世界放在显微镜下关注的指标。2007 年以前，境外媒体关于北京环境质量的负面报道超过 80%，正面或中性报道不足 20%。面对种种评论和质疑，市环保局本着不退不让、有节有据的原则，主动发布信息、积极回应境外媒体报道，不断强化宣传，改善首都环境形象，努力营造有利的奥运国际氛围。到 2007 年一季度，境外媒体对北京环境问题的报道由怀疑转向客观，开始认可北京为改善环境所付出的巨大努力，正面或中性报道占到 46%。

首钢因为产量巨大且离北京城区很近，其停产搬迁直接影响首都的环境质量，因此更受国外媒体关注。2007 年 2 月 9 日，应国外记者要求，北京奥运新闻中心组织了一次媒体对首钢的统一实地集中采访活动。来自美国、英国、日本、加拿大、法国、德国、澳大利亚等国家的 49 名记者听取了首钢的发展概况、环境治理和搬迁调整情况通报，并参观了首钢新旧厂区沙盘、第三炼钢厂、5 号高炉原址，以及由炼钢冷凝水汇集形成的群明湖。首钢在展示环境治理成果的同时，不回避问题，记者可随意向首钢现场工作人员提问。参观后，日本 NHK 电视新闻记者说：“今天第一次到首钢，看到企业采取了很多环保措施，我会把实际情况报道出去，让更多关注奥运环保的人看到中国做出的努力。”巴西记者说：“到首钢采访机会难得，这里和我以前想象的不同，我看到厂方正在采取种种措施降低污染。”澳大利亚广播公司制片人说：“这次是来探路的，今后我们肯定会再来，更多地关注首钢。”英国路透社的记者表示，除了环境问题，对中国钢铁产业的结构调整也较为关注。

进入 2007 年 6 月，受本地排放量大和周边省份焚烧麦秸以及不利的气象因素的影响，北京市区空气质量达标天数仅为 15 天，均为二级，比去年同期减少 9 天，为 7 年来最差；三级 14 天，四级 1 天。德国《明镜》周刊 6 月 25 日刊登了一篇题为“北京浓稠的空气”的文章，文中写道：当北京再次消失在棕黄色的雾霭中时，路上的汽车便多了起来。能撇下自行车的人都躲进汽车里，车内空调过滤出的空气呼吸起来比外面由煤烟和粉尘混成的“鸡尾酒”清爽一些。甚至健康的游客都常常喉咙疼、出现哮喘和过敏反应。美国阿尔贡国家实验所的戴维·斯特里茨警告说：“如果不大幅减少废气排放，运动员就可能遭受空气污染的侵害。”为使境外媒体记者能客观报道，使国际奥委会和国际社会对北京市环境保护有一个客观的认识和评价，市环保局一方面采取措施切实改善北京的空气质量，另一方面在详细客观地介绍全市大气污染防治工作及进展情况的基础上，有针对性地回答问题并向记者开放了市环境监测中心，让他们了解北京市空气质量监测系统的技术装备工作情况。“好运北京”测试赛采取交通限行措施的第一天，美联社、《纽约时报》、法新社、《朝日新闻》等 60 余家境外媒体，中央电视台、中央人民广播电台、《科技日报》《中国环境报》等 12 家中央媒体近百名记者，参观采访了全市空气质量自动监测系统和奥林匹克森林公园空气质量监测子站。

2008 年，随着大批境外媒体的涌入，全市加大了对国际组织和国外媒体的宣传开放力度。1 月 9 日，美国《华尔街日报》亚洲版刊登了题为“北京，蓝天离我们究竟多远？”的文章，质疑北京市空气质量达标天的监测方法、统计标准以及监测指标设置欺骗公众。此文刊登以后，美国《纽约时报》马上向我们提出了采访申请，希望市环保局就此予以解释。市环保局接到申请以后，迅速作出反应。当天下午，市环保局副局长接受了《纽约时报》记者采访。次日，澳大利亚《悉尼先驱晨报》、芬兰电视台、瑞典《快报》、法新社 4 家外国媒体又对此事提出了采访申请，市环保局很快形成了对外答复口径，通过妥善、迅速的安排，取得了外国记者的信任，事态没有继续扩大。在随后的多次新闻发布场合中，市环保局把握机会，就有关问题进行了多次澄清，有效引导了舆论导向。

7 月 29 日，市环保局、北京公交总公司和 2008 北京国际新闻中心联合组织 45 家境内外媒体，共 110 多位记者，到市公交总公司实地参观采访北京建设“绿色公交”的情况。境内外媒体踊跃报名，到场记者以境外媒体为主。此举为国际社会客观、科学地评价北京空气质量创造了条件。

8 月，在奥运会举办月中，各界人士根据自己的亲身感受，纷纷向媒体表达了对北京市空气质量的赞誉。国际奥委会主席罗格先生在接受法新社记者采访时高度评价了北京奥运环保工作，认为北京为降低空气污染做了非同寻常的工作，对北京空气质量充满信心。联合国环境规划署执行主任施泰纳先生对北京改善环境质量、履行奥运承诺所做的努力给予了高度评价，认为北京实现了环境质量不断改善，很好地履行了绿色奥运承诺。著名马拉松运动员格布雷塞拉西在接受英国路透社记者采访时对因忧虑北京空气质量可能影响其身体而放弃比赛表示非常后悔；因怀疑北京空气质量而携带口罩来京的美国运动员通过媒体向中国人民集体道歉，并将口罩丢至一旁。国际各大知名媒体如《纽约时报》《华盛顿邮报》、美联社、法新社等对北京环境的报道由攻击转向客观或赞许。境外媒体对北京环境问题的报道中，正面或中性报道将近 80%，基本扭转了境外媒体大量负面报道北京环保工作的局面，国际舆论从奥运开幕前的高度质疑转为奥运会后的一致称赞。

英国《泰晤士报》8 月 7 日的报道说：“以我们根深蒂固的老逻辑来说，总有人觉得中国的空气跟混凝土似的。但正相反，自始至终，人们能从体育场这一端清清楚楚地望见另一端。天空干净无烟尘。事实上，在 5 000 英里之外时，我们便意识到，所谓的空气质量问题，是被那些政见者夸大了的。四名在抵达北京时戴口罩的美国运动员向奥运会官员和中国人民致歉了。在我看来，饶是道歉，还是该拿一耳光打醒他们。”

8 月 16 日，路透社发表文章说，当天“北京在一片阳光明媚中苏醒，天高云淡的北京让很多欧洲游客想起地中海地区明朗宜人的天气”，有关北京空气质量的争论也在蓝天下不见了踪影。同日，法新社报道指出，从 8 月 8 日开始，一连 7 天的优良天气让北京这座城市通过了国际检测，对北京空气污染的担忧看来已经烟消云散。法国颇具影响力的体育日报《队报》21 日发表文章说，北京为治理空气污染采取的一系列措施收到明显成效，得到各国运动员的认可。

8 月 22 日，俄罗斯俄新社报道，北京奥运会的组织者成功地兑现了将北京“蓝天”呈现给世界的诺言，并使运动员和贵宾都能呼吸到清新的空气。9 月 1 日，美国美联社报道，在奥运开幕的前几个月，北京的空气污染成为人们的主要担忧点，但是随着比赛在相对蔚蓝的天空下进行，这样的担忧逐渐烟消云散。《科学美国人》杂志 8 月的一篇文章肯定了北京为“绿色奥运”所做的巨大努力。文章中说：“中国正在给北京进行一次改头换面的绿色行动，使北京成为一个零污染、绿色建筑、可持续社区发展的模范。”美国《旧金山纪事报》发表评论，认为环保才是北京奥运会最重要的“金牌”。

第二节　绿色奥运科普宣传

一、广播、电视播报空气质量

按照市领导要求，2007 年 8 月《北京空气质量播报》在“好运北京”奥运测试赛期间，增加了对奥运场馆周边 10 个子站的空气质量播报，时长增至 45 秒。至 2010 年年底，《北京空气质量播报》共播出 5 416 期节目。

2008 年 3 月 18 日，为进一步贯彻落实市政府关于加大环境信息公开的指示精神，北京市环保宣传中心与北京广播电台城市服务管理广播合作开办了《北京空气质量播报》直播节目，对奥运期间空气质量保障方案进行分析解读，编辑制作“绿色奥运”专题。

二、网络、移动平台宣传互动

在筹办、举办奥运会期间，市环保局、市环保宣教中心利用网络媒体多元、便捷、互动的传播特点，公开环境信息，普及环保知识，倡导绿色生产生活方式，成为广大市民了解环保工作、参与环境保护的便利平台。2001 年 10 月，北京市环境保护宣教中心官方网站——“北京环保公众网”开通。

2005 年 3—4 月，市环保局在举办“建言首都环保，同迎绿色奥运”建议征集活动时，开始将手机短信纳入征集途径。活动结束时，通过手机短信征集到 81 条建议。在 2006 年举办的“首都环保之星”公众评选活动中，手机短信也是评选投票的途径之一。

2007 年 8 月 13 日上午，北京市环境保护局副局长做客新京报网站，与网民现场互动交流，解答了奥运空气质量保障问题，新京报网和新浪网进行了网上直播。市环保宣教中心利用网站，围绕全市环保中心工作、绿色奥运和生态文明建设，开展环境宣传教育。

三、户外电视奥运气氛营造

从 2004 年开始，随着奥运会的临近和北京环境建设的深入开展，市环保局依托北京广播电视台的户外移动电视（如公交车车载移动电视）、户外大屏电视（LED）、楼宇广告电视（LCD）等载体，播放环境保护、绿色奥运、绿色出行、绿色消费等宣传短片，为举办奥运会营造氛围。2008 年在全市 12 000 辆公交车及地铁主要干线的移动电视上循环播放 7 部以绿色奥运为主题的公益广告宣传片。

四、科普读物、专栏和展览持续宣传

自 2001 年以来，围绕“绿色奥运”科普宣传，市环保局在电视台、广播电台开办专栏、编辑出版科普读物、组织制作环境展览，开展形式多样的公众环境科普宣传。编辑出版了《汽车与人体健康》《环保 365》《绿色奥运之路》《绿色出行指南》等书刊、画册和影像资料等 30 余种，约 100 万册，推动环境科普工作进农村、进街道、进机关、进企业、进家庭。2007 年，市环保局制作了“绿色奥运之路”展览及相关宣传画册，通过翔实的文字、真实的数据、丰富的图片和唯美的画面再现了北京为实现“绿色奥运”所走过的辉煌历程和取得的巨大成就。“绿色奥运之路”展览先后在奥运会前的北京奥运会代表团长大会、第四届世界新闻媒体大会、第七届世界体育与环境大会、德国斯图加特世界体操锦标赛和联合国总部等巡回展出，弘扬了“绿色奥运”理念，增进了国际社会对北京市环保工作的了解。

第三节　公众宣传

自 1991 年申办奥运会开始，北京市就把筹备和举办一届绿色奥运作为改善北京环境质量、促进城市可持续发展的宣传平台。尤其是从 2001 年进入筹备阶段至 2008 年绿色奥运成功举办，围绕全市各项奥运环保筹备、保障工作，以提高公众环境意识、推动公众积极参与为出发点，开展了多层次、全方位的绿色奥运宣传工作。

一、奥运申办期的环保宣传

2000 年 2 月，北京以“绿色奥运、人文奥运、科技奥运”为申奥宗

旨，正式提出了“绿色奥运”的理念，使之成为“新北京、新奥运”的主要内容。8 月 24 日，北京奥申委、市环保局及 20 家在京民间环保组织，共同签署了《绿色奥运行动计划》，承诺在市民中开展绿色奥运主题活动，倡导、推广绿色生活方式，不断提高公众的环保意识。之后，市、区县相继开展了各种宣传活动，以实际行动为申奥呐喊助威。例如，10 月 28 日，市环保局在中山公园举办了“迎大运、助奥运”宣传咨询活动，布置展板 7 块，发放环保宣传资料 2 000 余份；宣武区社区环保小分队深入住户，举办绿色社区建设宣传活动；怀柔县举办了“保护生态环境，改善环境质量，使用清洁燃料，控制人口，提高人口素质，参与绿色行动，争做文明北京人”宣传咨询活动等。

2001 年 4 月 1 日，在首都第 17 个全民义务植树日，党和国家领导人江泽民、李鹏、朱镕基、李瑞环、胡锦涛等到北京奥林匹克公园参加义务植树活动，支持北京“绿色奥运”。

2001 年 4 月 22 日，为深入宣传绿色奥运知识、理念，广泛动员市民践行绿色生活方式，参与首都生态环境建设，支持北京申奥，市环保局与东城区人民政府在北京东方广场联合举办了“绿色北京、绿色奥运”环保宣传活动。由北京欧瑞自行车健身俱乐部成员组成的“绿色奥运自行车宣传队”宣布成立，市环保局局长向宣传队授旗，现场放飞了 2 008 只象征 2008 年绿色奥运的绿色气球。宣传队从东方广场出发，沿长安街到复兴门，然后绕二环一周，最后到达终点站公主坟，通过骑行呼吁北京市民选择绿色出行方式，支持北京申奥。

2001 年 7 月 13 日，在莫斯科国际奥委会第 112 次全会上，北京向世界作出“绿色奥运”的郑重承诺，其中包括“要充分利用奥林匹克运动的广泛影响，开展环境保护宣传教育，促进公众参与环境保护工作，提高全民的环境意识”。当晚，北京申办 2008 年奥运会成功。

二、奥运筹办期的环保宣传

（一）以市环保系统为主体，开展了多层次、全方位的绿色奥运宣传工作

拓宽公众参与渠道，打造公众参与活动品牌。围绕“绿色奥运”，市环保局根据不同群体参与环保的需求，设计策划了一系列环保活动，为群众参与环保提供多种方式和渠道。2004 年，市环保局推出“少一缕烟尘，多一分健康”环保有奖举报活动，鼓励市民参与监督环境违法行为，最多时一个月收到 170 条举报信息；针对大学生群体，市环保宣传中心自 2005 年开始举行“首都高校环境文化周”活动；针对中小学生群体，北京环保基金会等单位围绕”绿色奥运在我心中”“绿色奥运我参与”等主题，持续组织了“我爱地球妈妈”演讲比赛、“中学生中英双语演讲比赛”，至 2008 年已分别举办 11 期和 8 期；针对摄影爱好者，市环保宣传中心自 2005 年开展了“自然与生命的瞬间”环保摄影比赛。在奥运倒计时 500 天之际，市环保局开展了“建言首都环保，同迎绿色奥运”环保建言征集活动，共收到建言 500 余条，建言电话 310 个，内容涉及环境保护的方方面面。在所有活动中影响最大、号召力最强的活动是“少开一天车”。该项活动于 2005 年开始策划，2006 年正式启动，在奥运前后一系列重大国事活动中，对保障良好的空气质量及缓解交通拥堵发挥了重要作用。参与“少开一天车”活动的人数从开始的 20 万发展为现在的 60 多万，参与单位从 112 家发展到 1 300 多家，成为参与人数最多的环保公益活动。

创新绿色创建，深化绿色生活。围绕“绿色奥运”，北京市在创建绿色社区、绿色学校等活动中赋予了新的内容，把绿色出行、绿色消费、低碳生活等新理念融入其中，让绿色创建活动更有时代感，更贴近居民、学生的生活，操作性更强。这些新理念进一步激发了公众的热情和积极

性，推动了绿色创建活动的深入开展。据统计，筹办奥运期间，北京市共举办 50 多次“绿色创建”培训，创建国家级绿色学校 15 所，市级绿色学校 221 所，国家级绿色社区 15 个，市级绿色社区 1 222 个，绿色家庭 2 328 个。此外还联合其他相关单位，合作开展了“绿色饭店”“绿色旅游”“绿色企业”“绿色车队”等绿色创建活动。

加强阵地建设，推出环保科普精品。围绕“绿色奥运”，进一步加强已有的宣传阵地建设，在改版《北京空气质量播报》电视版的基础上，进一步扩大宣传阵地，2008 年与北京人民广播电台城市服务管理广播合作，创建了电台版的《北京空气质量播报》，以空气质量为核心信息，融入更多的防治大气污染工作动态信息和科普知识。奥运火炬传递期间，编辑制作了“火炬传递城市的环境”专题；奥运会期间，编辑制作了“绿色奥运”专题；奥运结束后，又紧紧围绕“奥运给我们留下什么”展开策划。此外，影视广播联袂推出《绿色奥运之路专辑》特别节目，展示了政府和广大市民实现绿色奥运的承诺和信心，在环境保护方面所付出的艰辛努力和取得的辉煌成就。北京环保公众网作为市环保局奥运期间外挂官网之一，紧密联系环保中心工作，及时改版、更新栏目，先后开展了“少开一天车有你、有我网络日记和故事接龙”“绿色奥运之路”“绿色奥运，绿色出行”“少开一天车，准备好了”等大型系列活动，“绿色奥运在我身”网上展示、“我与绿色奥运”环保摄影大赛等；全新推出“触摸奥运”和“视觉瞬间”专栏，及时向公众提供奥运环境保护信息和知识、首都的环境状况及政府防治环境污染的重大举措，为公众了解、支持、参与绿色奥运搭建了广阔的平台。

围绕“绿色奥运”，根据公众需要，市环保局先后推出了一大批环保读物，如编辑出版了《汽车与人体健康》《环保 365》《绿色奥运之路》《绿色出行指南》等书刊、画册和影像资料等 30 余种，100 多万册，推动环境科普工作进农村、进街道、进机关、进企业、进家庭等；建成北京市规划展览馆环保展区，展现北京市环保工作走过的历程、取得的成就和远景规划目标。

（二）以北京奥组委为主体，全市各个单位积极开展多种宣传活动，广泛传播绿色奥运理念

2002 年 9 月 17 日，北京奥组委向廖秀冬女士、金鉴明先生、梁从诫先生、廖晓义女士 4 位环境顾问颁发聘书。2002 年 11 月 29 日，北京奥组委召开民间环保组织第一次联席会。在申奥期间参与制定、实施《绿色奥运行动计划》的 20 家民间环保组织的代表参加了会议。

2003 年 8 月 8—15 日，北京奥组委与北京市市政管理委员会、北京环境保护基金会在市政管理委员会培训中心共同举办了“参与垃圾分类·建设绿色北京·办好绿色奥运”图片巡展。

2004 年 5 月 14 日，北京奥组委官方网站开通“绿色奥运”频道，7 月 26 日开通“绿色奥运”英文、法文频道，以中、英、法三种文字动态报道北京奥组委开展的环保工作，及时反映北京市政府在环境保护、基础设施建设以及污染防治方面的工作进展。

2004 年 12 月 17 日，北京奥组委与市环保局、首都精神文明办、市科委、市科协和北京环保基金会共同组建了以知名专家、学者和志愿者为主的“绿色奥运绿色行动”宣讲团。国际奥委会委员、国际奥委会文化与奥林匹克教育委员会主席何振梁和国际奥委会体育与环境委员会委员邓亚萍分别任总顾问和顾问。宣讲团走进社区、学校、企事业等单位，广泛宣传绿色奥运理念，号召公众从小事做起，践行绿色生活，为举办绿色奥运奉献力量。截至 2008 年年底，宣讲团共举办宣讲 1 200 余场，直接受众达 40 万人次。

2005 年 9 月 24 日，北京奥组委发布了绿色奥运环境标志。绿色奥运环境标志以人和绿树为主要形态，代表着人与自然的和谐统一（图 6-1）。

图 6-1　绿色奥运环境标志

2005 年 11 月 11 日，北京奥组委发布了北京奥运会吉祥物“福娃”。“福娃”由“贝贝”“晶晶”“欢欢”“迎迎”“妮妮”5 个拟人化的娃娃形象组成（图 6-2）。其中，除“欢欢”外，其余 4 个均为动物，蕴含保护环境及保护生物多样性的宣传意义。福娃色彩与奥林匹克五环一一对应，借助其强烈的可视性和亲和力，广泛传播了保护环境的理念。国际奥委会主席罗格为此发来贺信给予高度评价。

图 6-2　北京奥运会吉祥物“福娃”

2005年7月7日，绿色奥运之“今夏留住一桶水”活动在北京启动。活动范围涵盖北京市18个区县的小学少先队系统，号召全市小学生在暑假期间至少收集一桶雨水，意在通过“小手带动大手”的节水活动，让更多的人参与到环保事业中去。2006年4月25日，由北京奥组委、中国青少年宫协会主办的2006年全国中小学生“绿色梦想 彩绘奥运”绘画比赛拉开帷幕。北京奥组委执行副主席蒋效愚在启动仪式上表示，希望通过举办形式多样的活动，倡导公众选择绿色生活、支持绿色奥运。大赛的部分作品用作了奥运会的宣传品。

2007年8月8日，正值北京奥运会开幕倒计时一周年，国际奥委会主席罗格和202名正在北京参加第29届奥林匹克运动会代表团团长大会的各个国家、地区的奥委会代表团团长们，以及北京市领导、北京奥组委官员在奥林匹克公园共植奥林匹克友谊林，践行绿色奥运理念。10月25—27日，第七届世界体育与环境大会在北京召开，会议旨在通过奥林匹克运动来推动体育与环境的可持续发展，进一步唤醒人们对环保的关注。会议期间举办了“绿色奥运——从理念到实践”图片展览。罗格在参观展览后称赞说：“这个展览办得非常好，显示了北京在保护环境方面所做的杰出努力，这将为未来的奥运举办城市树立榜样。”大会向北京奥组委颁发了联合国环境规划署保护臭氧层公共意识奖，并通过了《关于体育与环境的北京宣言》。

此外，2003—2007年，北京奥组委先后编印、发放了《北京奥运会环境方针》《奥运工程环保指南》《绿色奥运——理念与实践》《绿色奥运——保护臭氧层》等20种中文、英文对照宣传材料和《北京2008》《中学生奥林匹克知识读本》《北京奥运会窗口行业员工读本》等宣传读本，向国内外关心奥运的人们宣传“绿色奥运”理念。北京奥组委与市环保宣教中心还拍摄了《奔向绿色2008》等宣传片，对近100名北京奥组委官方注册记者进行了绿色奥运培训，为首都中小学生设计赠送了25万张用再生纸制作的绿色奥运课程表，开展了一系列的奥运签约饭店环保活动和不同形式的公众环保活动，以此引导公众成为“绿色奥运”的宣传者和践行者。每年的北京市全民义务植树日，北京奥组委都会组织全体员工与奥运冠军、赞助商代表等共同植树，倡导市民绿化北京，爱护环境，营造人与自然和谐的氛围。每一批新到北京奥组委工作的员工都要接受环境保护培训。

第七章　奥运环境遗产与国际评价

北京奥运会、残奥会的成功举办，在受到国际社会认可和盛赞的同时，也让北京以及中国收获了一笔丰厚的物质精神财富。场馆运行、安全保卫、宣传报道、外事工作、城市运行、志愿服务等方面都形成了各具特色的奥运遗产。其中“绿色奥运”不仅推动了首都环境质量的持续改善，而且有力地促进了北京可持续发展能力的提高。“绿色奥运”已成为一项长期促进北京发展的奥运遗产。“绿色奥运”有力推动了产业结构调整，促进了基础设施建设的迅速发展，推进了环保管理机制体制进一步完善，提高了全社会环境保护意识。

第一节　绿色奥运的环境遗产

筹办、举办奥运八年，北京经济社会快速发展。2000—2008 年，常住人口从 1 364 万增加到 1 695 万，增长 24%；地区生产总值从 3 161 亿元增长到 10 488 万亿元，增长 232%；能源消耗从 4 144 万 t 标准煤增加到 6 343 万 t 标准煤，增长 53%；城市房屋建筑施工面积从 0.7 亿 m^2 增加到 1.1 亿 m^2，增长 57%；机动车保有量从 158 万辆增加到 350 万辆，增长 120%。与此同时，北京环境质量持续改善。在大气环境质量方面，空气质量二级和好于二级天数比例从 2000 年的 48.4%增加到 2008 年的 74.9%，大气中二氧化硫、一氧化碳、二氧化氮和可吸入颗粒物浓度分别下降了49%、48%、31%和25%，二氧化硫、二氧化氮年均浓度达到了国家标准；奥运会、残奥会期间29天实现空气质量天天达标，其中12天为优，17天为良。大气中主要污染物浓度比上年同期下降50%左右。其中，二氧化硫、一氧化碳和二氧化氮日均浓度达到世界发达城市水平；可吸入颗粒物浓度达到国家标准和世界卫生组织空气质量第三阶段指导值目标值，远优于承诺指标，为10年来同期最好水平。在水环境质量方面，河流和湖泊水质达标率分别由2000年的41.6%和59.5%增加到2008年的54.9%和80.7%。此外，全市林木覆盖率超过51.6%，城市中心区绿化覆盖率达到43%以上，自然保护区面积占全市面积的8.18%。

“绿色奥运”不仅加快了北京环境质量改善的进程，而且有力地促进了北京可持续发展能力的提高，增强了国内外对北京环境质量改进的认可度和广大民众的信心。“绿色奥运”已成为一项长期促进北京发展的奥运遗产。

一、“绿色奥运”有力推动了产业结构调整

大力发展高新技术产业、现代服务业等产业，限制高耗能、高污染产业发展，淘汰生产方式落后的工艺和企业，第三产业占GDP的比重上升至73%，全市产业结构得到优化。奥运筹办7年间，北京市关停了中心区140多家污染企业，东南郊有污染的化工企业全部实现停产搬迁；首钢调整搬迁工作取得阶段性进展；全市23条污染严重的水泥立窑生产线和149家黏土砖厂全部关闭。在能源结构方面，2008年优质清洁能源比重增至62%以上，完成了中心城区1.6万台锅炉和4.4万台茶炉大灶“煤改气”、9万户居民“煤改电”工程，高井、京能、华能、国华四大燃煤电厂全部实现高效除尘、脱硫和脱硝，全市能源结构已由以原煤为主向以天然气和电力等优质能源为主转变。在机动车结构方面，北京市累计更新淘汰了5万多辆老旧高排放出租车、1万多辆老旧高排放公交车，机动车新车排放标准实现了9年从国Ⅰ到国Ⅳ的跨越。

二、“绿色奥运”促进了基础设施建设的迅速发展

完善基础设施建设既是办好 2008 年绿色奥运会的需要，更是实现首都可持续发展的需要。北京“绿色奥运”为基础设施建设改善创造了有利的条件。筹办、举办“绿色奥运”，使北京环境基础设施建设得到长足的发展。对比 2000 年和 2008 年，天然气供应能力由 10 亿 m^3 增加到 55 亿 m^3，增长近 4 倍，年均增速达到 20%；城市热力供热面积由 5 012 万 m^2 增加到近 1.4 亿 m^2，增长近 2 倍；城市污水处理能力和生活垃圾处理处置能力分别由每天 60 万 t 和约 4 000 t，提高到每天 250 万 t 和约 9 300 t，分别提高 3 倍和 1 倍多。2008 年，市区污水处理率达到 92%以上，城市和郊区垃圾无害化处理率分别达到 99%和 85%。

三、“绿色奥运”推进了环保管理机制体制进一步完善

经过 7 年筹办“绿色奥运”的探索和努力，北京建立起由市政府统一领导、区县政府负责、各有关部门密切配合、环保部门统一监管、广大市民积极参与的工作机制，这为推动环境质量改善和城市可持续发展提供了切实有力的保障。同时，为实现奥运环保承诺，积极探索区域大气污染防治机制，对建立区域污染联防联控机制进行了尝试。针对区域大气污染特征，经国务院批准，环保部和华北六省区市共同制定了《第 29 届奥运会残奥会北京空气质量保障措施》，实施了跨区域污染防治，为创新环保工作机制体制，起到了很好的示范作用。

四、“绿色奥运”提高了全社会环境保护意识

在推动城市环境质量改善的同时，“绿色奥运”还有力促进了全社会生态文明素质的提升。通过“绿色奥运”理念的宣传，开展“少开一天车”、环保有奖举报和“绿色社区”“绿色学校”、生态区（县）创建等活动，在推进全社会环保责任落实的同时，增强了全社会环境保护的

意识，引导社会和公众自觉参与到政府的污染减排、环保监督等工作中。奥运期间，公众支持、参与环保的热情高涨，首都各界和广大市民无私奉献、积极参与，全面落实奥运环境保障各项措施，为奥运期间空气质量的天天达标，奠定了坚实的基础。可以说，“绿色奥运”使绿色生活方式成为全社会的风尚。

第二节　绿色奥运的国际评价

2007 年 10 月 27 日，第七届世界体育与环境大会在北京闭幕。会议通过《关于体育与环境的北京宣言》，宣言肯定了北京奥运会的环保工作，认为北京申奥时的环境计划已经基本实现；北京可以保证奥运会所需的基本环境质量；北京奥运会将会留下宝贵的环境遗产。

2008 年 8 月 24 日，国际奥委会主席雅克・罗格在北京奥运会闭幕式上致辞，称赞北京奥运会是“一届真正的无与伦比的奥运会”!

2009 年 2 月 16 日，联合国环境规划署第 25 届理事会会议暨全球部长级环境论坛在肯尼亚内罗毕召开。联合国副秘书长、环境规划署执行主任阿希姆・施泰纳在会议开幕式上对北京奥运会在环保领域取得的成就给予了高度评价，称北京创办“绿色奥运”的理念已经成为这项全球最大体育赛事的重要支柱之一，将成为亚洲和世界其他地区各国、各城市的榜样。

2009 年 2 月 18 日，联合国环境规划署在肯尼亚首都内罗毕发布了《北京奥运会环境独立评估报告》，称赞中国兑现甚至超越了关于“绿色奥运”的承诺。这份报告是由该署专家完全独立评估的结果。报告指出，中国政府为北京奥运会的环保工作投入了巨额资金，在治理空气污染、水污染、改善公共交通体系以及实现奥运场馆“绿色化”等方面都兑现了此前所作出的承诺，其中许多指标还超出了之前确定的目标。对于中国这样一个面临许多挑战的发展中国家、对于北京这样一个迅速发展中的城市来说，取得这样的成绩尤为不易。北京奥运会在给北京市留下一笔重要“绿色遗产”的同时，也进一步激发了北京市民乃至中国各地民众对于环境保护问题的关注，增强了人们的环保意识。

图 7-1 “体育与环境奖”奖杯

2009 年 3 月 30 日，在国际奥委会和联合国环境规划署（UNEP）联合在加拿大温哥华举办的第八届世界体育与环境大会上，北京市获得国际奥委会首次颁发的体育与环境奖。国际奥委会体育与环境委员会主席鲍尔•施密特向代表北京市政府领奖的北京市环保局局长史捍民颁奖，祝贺北京市在“绿色奥运”上取得的巨大成就（图 7-1）。

2010 年 3 月，国际奥委会协调委员会发表《北京 2008 年第 29 届奥林匹克运动会国际奥委会协调委员会最终报告》，罗格在致辞中称“本届奥运会不仅给北京和中国留下了巨大‘遗产’，也成为奥林匹克运动的一座历史丰碑。”“北京和中国以此为契机向世界展示了中国丰富的文化，中国人民出色的能力，中国人民建设一个更加美好、可持续发展的未来的愿望以及他们开放的姿态。”

后 记

本书《北京奥运环境保护》是《北京环境保护丛书》（以下简称《丛书》）北京奥运环境保护分册，记述了2000—2008年北京市在申办、筹办、举办第29届夏季奥林匹克运动会期间的环境保护工作。八年中，在中央领导的关怀和国家有关部委的支持下，在市委市政府的坚强领导下，全社会共同努力，实现了北京空气质量持续改善、奥运期间天天达标的非凡业绩，环境质量得到改善，环境安全得到保障，为北京奥运会成功举办创造了良好的环境条件。奥运环保承诺成功兑现，"绿色奥运"由理念变为现实，得到了国际社会和人民群众的广泛赞誉。北京环保工作向世界开放的深度、广度以及公众环境意识得到的极大提升，环境治理开创性地进行综合计划安排、科学治污、模拟实验以及联防联控的实践模式，为北京、全国乃至世界创造了丰厚的环境遗产，为我国以及发展中国家大城市环境治理提供了可借鉴的经验。

本书按照奥运申办、筹办、举办时间顺序，从"绿色奥运"理念和承诺、奥组委环境管理体系及奥运项目环境管理、奥运行动规划环保任务及兑现承诺、奥运会期间环境质量保障、奥运空气质量监测、奥运宣传教育、奥运环境遗产等七个方面记述了北京市在申办、筹办、举办奥运会中环境保护和生态建设的重要节点、主要工作和成效，简明勾勒出北京举办"绿色奥运"、提升环境质量的工作概况。

本书采用史料性记叙文体，资料主要来源于奥运环保工作中形成的各种档案资料，包括管理文件、大事记、工作总结等，也参考了大量的有关北京奥运会的出版物。原北京奥组委环境活动部部长、运行部副部长余小萱（正局级干部）在本书编写中给予指导和帮助，他结合自身承担的奥运工作经历，口述、提供了一手的史料，对本书的相关章节内容进行了审读，并提出相应的修改意见。

《丛书》总编审阅了本书章节结构设计，对难点问题的处理提出决策意见；本书主编负责全书策划、章节结构设计和全书审稿定稿；各副主编负责本单位提供稿件的修改和审核；特约副主编和《丛书》编委会执行副主任负责全书章节结构优化、内容修改补充和全书统稿；执行编辑承担了书稿编辑工作。

全书初稿撰稿人如下（按姓氏笔画排列）：

王岩、王虹、兰平、全昌明、刘欣、李翔、李鹏、李敬东、杨芳、肖晓峰、邱大庆、何治、张伟、陈琦、欧阳琛、周火良、周苑松、郑磊、郑再洪、赵兴利、祐素珍、骆霄、徐少辉、郭萌、黄斌、曹志萍、梁静、梁延周、董险峰、谢金开、翟晓晖、戴子星。

《北京奥运环境保护》主编　李晓华

2018 年 12 月